趣画气象　悦读天气

——青少年的气象探索之旅

主　　编：王　悦

副 主 编：郑淋淋　朱红芳　王　凯　邵立瑛

图书在版编目（CIP）数据

趣画气象　悦读天气 / 王悦主编；郑淋淋等副主编. --
北京：气象出版社，2025.4. -- ISBN 978-7-5029
-8425-0

Ⅰ. P44-49

中国国家版本馆CIP数据核字第2025RW5655号

审图号：GS京（2025）0416号

趣画气象　悦读天气
Qu Hua Qixiang Yue Du Tianqi

王　悦　主编

出版发行：气象出版社		
地　　址：北京市海淀区中关村南大街46号	邮政编码：100081	
电　　话：010-68407112（总编室）　010-68408042（发行部）		
网　　址：http://www.qxcbs.com	E-mail：qxcbs@cma.gov.cn	
责任编辑：王萃萃	终　　审：张　斌	
责任校对：张硕杰	责任技编：赵相宁	
封面设计：楠竹文化		
印　　刷：中煤（北京）印务有限公司		
开　　本：710 mm×1000 mm　1/16	印　　张：8.5	
字　　数：84千字		
版　　次：2025年4月第1版	印　　次：2025年4月第1次印刷	
定　　价：80.00元		

本书如存在文字不清、漏印以及缺页、倒页、脱页等，请与本社发行部联系调换。

本书编委会

主　　编：王　悦

副 主 编：郑淋淋　朱红芳　王　凯　邵立瑛

策　　划：周　昆　刘晓蓓　王　兵　陶　玮

编　　委：王东勇　杨　彬　袁　松　吴　然
　　　　　　弓中强　杨祖祥　丁从慧　周胜男
　　　　　　徐　怡　李萌萌　隋新秀

专家顾问：朱佳宁　刘远永　魏凌翔　姚　晨

美术设计：王　悦　徐文婷　朱亚宗　谷文梁

技　　术：朱鹏飞　娄珊珊　张　娇　钱　磊

编写单位：安徽省气象台

前　言

　　气象，这一与日常生活息息相关的科学领域，在生活中变幻出各种奇妙的现象。对于青少年而言，气象的世界就如同一个巨大的宝藏等待着被发掘。青少年是充满好奇心与求知欲的群体。他们对周围的一切都充满了疑问，天空中多变的云彩、突如其来的风雨、绚烂的彩虹，这些气象中的天气无不吸引着他们的目光。本书专为青少年量身打造，书中没有晦涩难懂的术语堆砌，而是采用通俗易懂的语言把复杂的气象原理进行拆解。无论是多种大雾类型还是副热带高压对雨带位置变化的影响，都以一种简单有趣的方式呈现。

　　本书借用萌趣十足的动物与植物化身"气象小使者"，采用最简约化方式力求形象直观表达，将晦涩难懂的气象知识变得生动有趣。比如，想象一个顽皮的小冰雹，轻巧地演变着冰雹的微观形成过程；或者一只小小鸡，诉说着雨凇和雾凇的区别……正是这些亲切的形象，让每一个知识点都变得鲜活起来，如同在你心中种下了一棵棵知识的小树，等待着生根发芽。

　　我们的目标不仅是传授知识，更希望激发你的想象力和探索欲。通过阅读这本书，你不仅能掌握各类天气现象的定义、形成原理、时空分布特征、等级划分、预警信号、危害、防御措施等，还能学会如何用一双慧眼去观察世界，用一颗敏感的心去感受自然的脉动。每当抬头望向天空，就能在脑海中第一时间浮现对应的知识点，形成记忆链条，让学习成为一次奇妙的冒险。让我们一同用智慧的双眼，洞察风云变幻的秘密，提高气象应急避险能力，成为小小气象学家，开启这场气象探索之旅。

　　"雨中的急脾气——短时强降水""暴雨的那些事""流浪台风""江淮梅雨——霉完霉了""雨带的季节性变动"来源于"安徽省自然科学基金江淮气象联合基金项目"（2208085UQ11）、"安徽省科技攻坚计划项目"（重点项目）（202423110050058）和"黄淮气旋的客观识别技术及其引发暴雨中尺度特征研究"（CXFZ2023J017）项目支持。

作者
2024 年 11 月

目 录

前言

大风来啦 / 1

天气预报气温骗人？ / 7

多高才算是高温 / 11

难以分辨的双胞胎——雨凇雾凇 / 19

大自然的破坏王——冰雹 / 25

冰雹历险记 / 31

道路结冰要小心 / 37

雪花的奥秘 / 41

天然的小冰箱——冷空气 / 46

大自然的冷冻库——寒潮 / 51

冬日的白色魔法——霜冻 / 56

大自然的面纱——雾 / 62

大自然的交响乐——雷电 / 68

雨中的急脾气——短时强降水 / 73

暴雨的那些事 / 78

江淮梅雨——"霉完霉了" / 85

雨带的季节性变动 / 89

天边的彩虹桥 / 94

流浪台风 / 102

人造花洒——人工增雨 / 110

大自然的雕刻师——冻雨 / 114

云的分类 / 119

大风的标准

气象上将风速达到 17.2 米 / 秒（风力 8 级）或以上的风称为大风。

大风灾害特点

风速等级表

不是所有的风都叫"大风"

风级	名称	平均风速/(米/秒)	陆地估计风速征象
0	静风	0.0～0.2	静,烟直上
1	软风	0.3～1.5	烟示风向
2	轻风	1.6～3.3	感觉有风,树枝微响
3	微风	3.4～5.4	树叶摇动不息,旌旗展开
4	和风	5.5～7.9	灰尘扬起,小树枝摇动
5	劲风	8.0～10.7	小树摇摆,水面有波浪
6	强风	10.8～13.8	电线有声,举伞困难
7	疾风	13.9～17.1	全树摇动,步行不便
8	大风	17.2～20.7	树枝折断,行进受阻
9	烈风	20.8～24.4	建筑轻微损坏
10	狂风	24.5～28.4	树木连根拔起
11	暴风	28.5～32.6	陆上少见,破坏广泛
12	飓风	≥32.7	陆上绝少,摧毁极大

大风来啦

形成大风的因素

雷暴大风

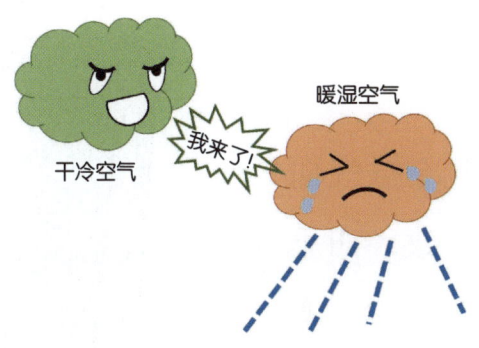

低层的暖湿空气上升到达中高层时，遇干冷空气的卷入使得水汽快速蒸发，使空气变得干冷，干冷空气从高空迅速下沉到近地面，造成辐散型或直线型大风。

特点：

突发性强　风力强

时间短　范围小

局地破坏力强

冷锋大风

冷空气

冷锋大风由冷空气向暖区快速移动所致,四季皆有,以冬半年为主,寒潮大风即属于冷锋大风。

特点:

出现频率高

持续时间长

影响范围广

台 风

台风过境时会带来大风。

特点:

季节性强　范围广

风速大　　破坏力强

大风来啦

大风预警信号

预警信号 发布图标	可能或已经 受大风影响	平均风力	阵风
大风蓝	24 小时内 已受大风影响	达 6 级以上 为 6~7 级	7 级以上 7~8 级并可能持续
大风黄	12 小时内 已受大风影响	达 8 级以上 为 8~9 级	9 级以上 9~10 级并可能持续
大风橙	6 小时内 已受大风影响	达 10 级以上 为 10~11 级	11 级以上 11~12 级并可能持续
大风红	6 小时内 已受大风影响	达 12 级以上 为 12 级以上	13 级以上 13 级以上并可能持续

大风的危害

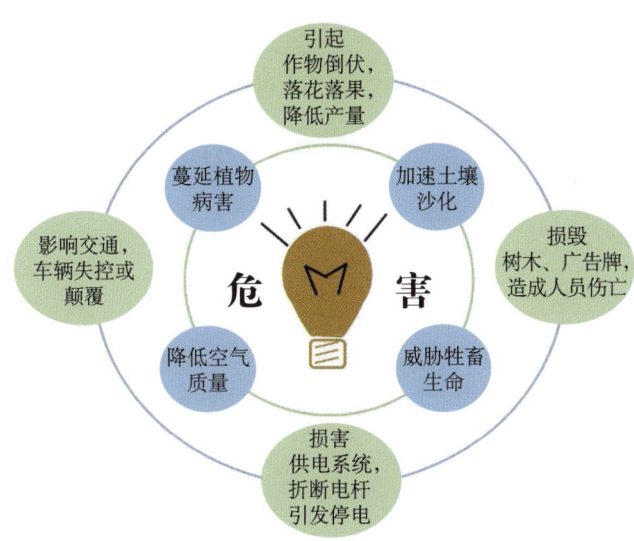

大风的防御

关好窗户,远离窗口,避免玻璃损毁伤人。

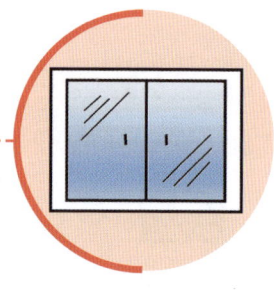

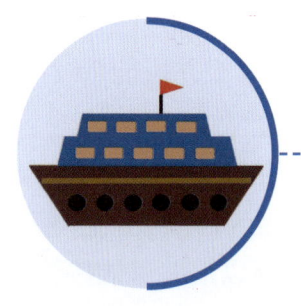

停止水面作业或游泳,船舶尽快回港避风。

开车时,应将车驶入地下停车场或隐蔽处。

避免在树下、广告牌、临时搭建物下面逗留。

加固农业生产设施,尽快抢收成熟作物。

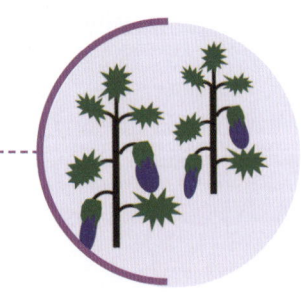

天气预报气温骗人？

气温与体感温度你知道多少？

为什么天气预报说35℃，感觉却有40℃？

气温

按照世界气象组织规定，气象部门发布的气温是指百叶箱中温度计所测量的温度。

百叶箱

百叶箱设置要求

1. 百叶箱要放在空旷的草坪上,距地面1.5米高。
2. 周围无高大建筑、树木等阻挡风或遮挡阳光。

百叶箱结构特殊

1. 百叶箱全部是白色。
2. 箱壁百叶条与水平面的夹角约为45°。

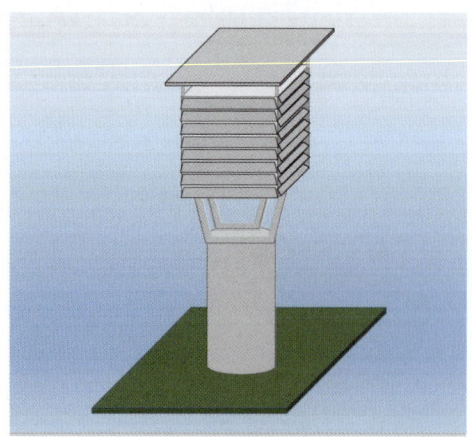

为什么设计成白色?

1. 白色不易吸热。
2. 把投射到箱上的阳光反射掉,减少阳光对箱内仪器的干扰。

天气预报气温骗人？

为什么设计成 45° 夹角？

便于通风和遮挡雨水。

体感温度

体感温度指人体在不同环境下感受到的空气温度，重在人们对冷热的感觉。

影响体感温度的因素

影响体感温度的主要因素分析

1. 气温

气温越高，体感温度也越高。

2. 相对湿度

气温相同时，相对湿度越大，体感温度越高。

因为空气干燥有利于体表水分蒸发,可带走一部分热量。

3. 风速

气温相同时,风越大体感温度越低。

因为风能够将人体周围的热量带走,风速越大,人体散失的热量越多越快。

4. 太阳辐射

接收到的太阳辐射越强,体感温度越高。

太阳直接照射到人身上会使人体温度升高,若在树荫或遮阳棚下,体感温度会相对较低。

多高才算是高温

高温标准

气象上,指日最高气温达到或超过35℃的天气。

高温类型

北方"烧烤"模式

干热型

气温极高

太阳辐射强

空气相对湿度小

在新疆、甘肃、宁夏、内蒙古、北京、天津、石家庄等地易出现。

南方"桑拿"模式

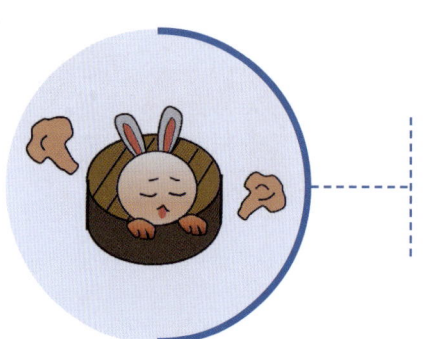

闷热型

气温极高

水汽丰富

太阳辐射强

在我国沿海及长江中下游地区、华南等地易出现

时间分布特征

高温天气逐月分布

多高才算是高温

空间分布特征

我国高温的分布有明显的区域特征，主要集中在西北和东南一带，全年高温日数一般有 15～30 天，江南部分地区及福建西北部年高温日数甚至超过 30 天。

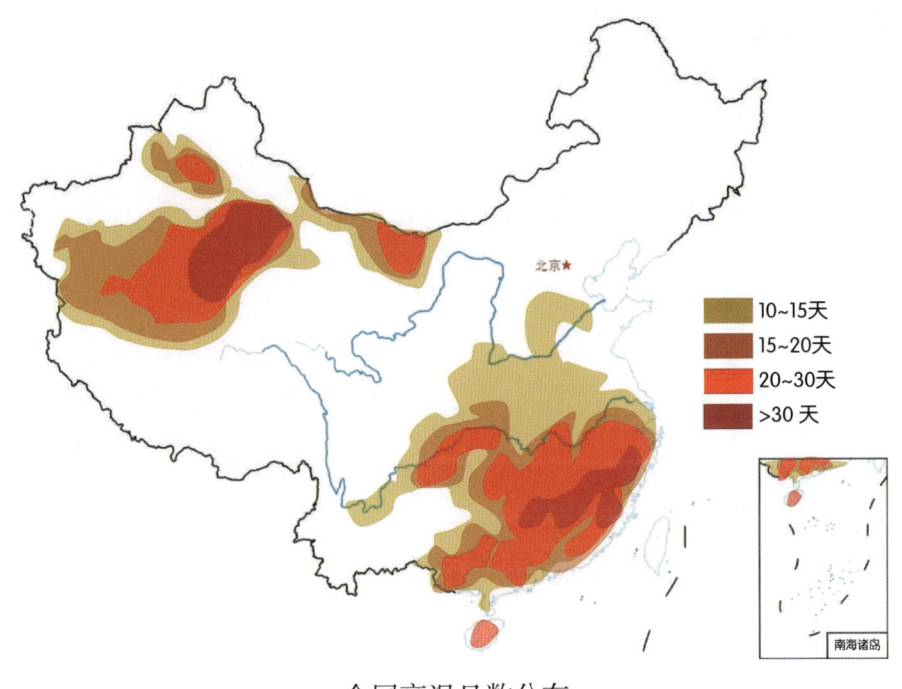

全国高温日数分布

高温热浪

气象上，指持续 3 天以上的高温天气过程。

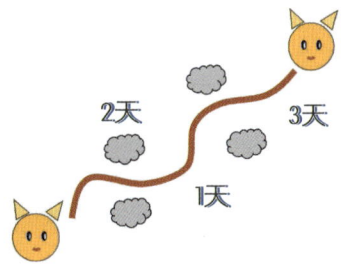

产生高温热浪的天气系统

副热带高压

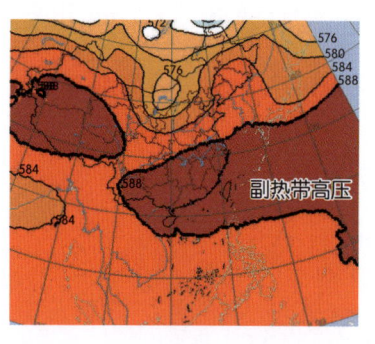

外号：588位势什米。

技能：叠加"高烧不退"的BUFF（加持）。

效果：持续晴热天气，边缘易有雨。

出没区域：夏季主要盘踞在我国华南、江南、江淮、黄淮等东部季风区。鼎盛时期，其势力还扩张到西南地区东部和西北地区东南部。

大陆暖高压

特点：功力深厚。

技能：稳如泰山。

效果：风弱天晴。

出没区域：多出现在副热带地区，有时也会在中高纬度地区出现。

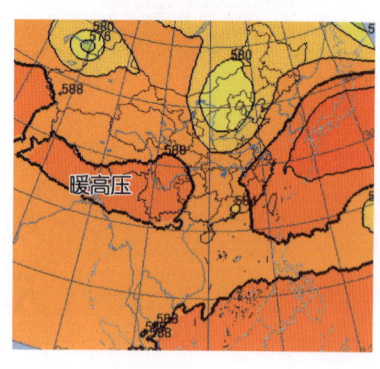

热低压

特点：圈地自萌。

属性：宅。

效果：高温。

出没区域：四川南部、云南、广西、广东雷州半岛、海南等地带。

为什么副热带高压控制地区温度高？

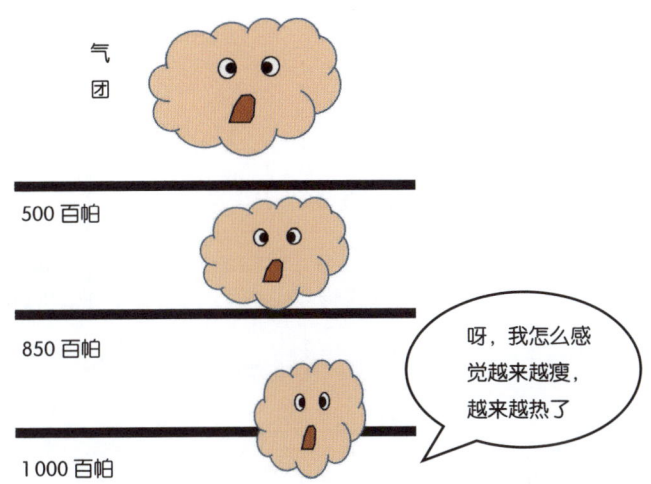

气团与外界没有热交换时，气团在下降过程中被压缩，分子间碰撞增加，内能增加，导致温度升高。

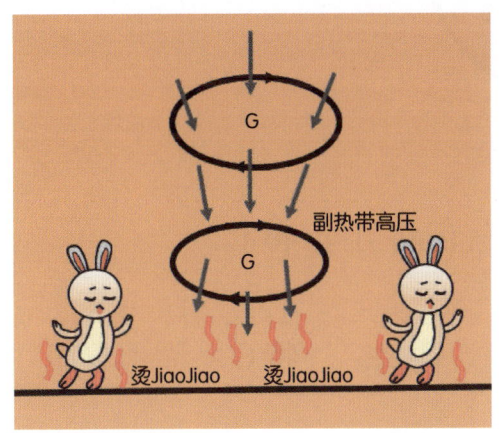

在副热带高压（简称"副高"）内部盛行下沉气流，所以空气增温强烈。若是某地区长期被强盛的副高控制，多出现高温天气。

高温预警信号

高温预警信号分为三级。

连续 3 天日最高气温将在 35℃以上。

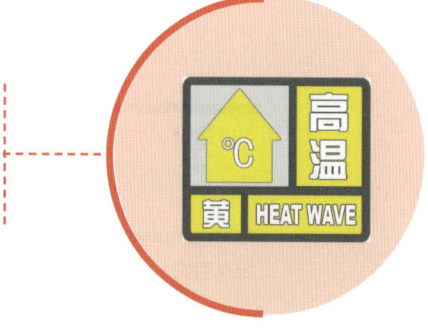

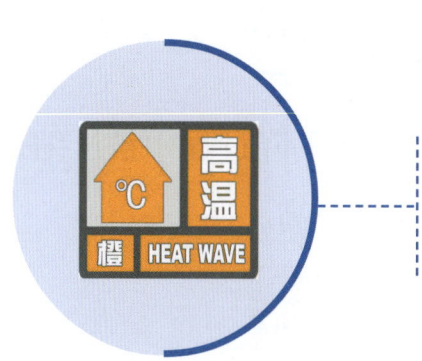

24 小时内最高气温将升至 37℃以上。

24 小时内最高气温将升至 40℃以上。

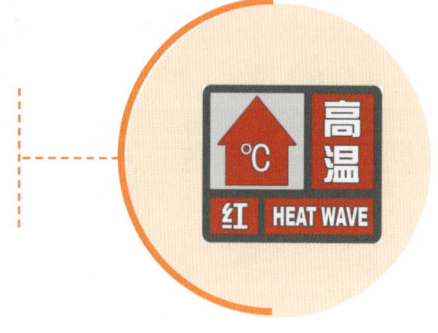

多高才算是高温

高温危害

持续高温少雨容易引发火灾，破坏生态环境。

引起中暑、增加胃肠道疾病和心脑血管等疾病发病率。

加剧土壤水分蒸发和作物蒸腾，土壤失墒严重，加速旱情发展。

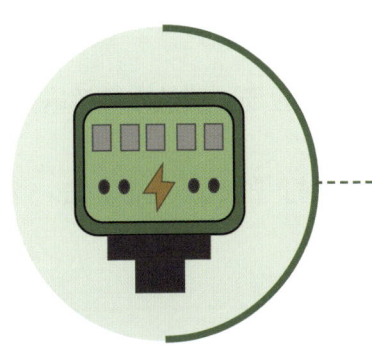

水电需求量猛增，造成水电供应紧张。

生活小贴士

1. 白天尽量减少户外活动，尤其10—16时不要在烈日下运动或劳动。

2. 浑身大汗时，不宜立即用冷水洗澡，稍事休息再用温水洗澡。

3. 空调、电扇不要直接对头或身体长时间吹，空调温度不宜过低。

4. 不宜在阳台、树下或露天睡觉。

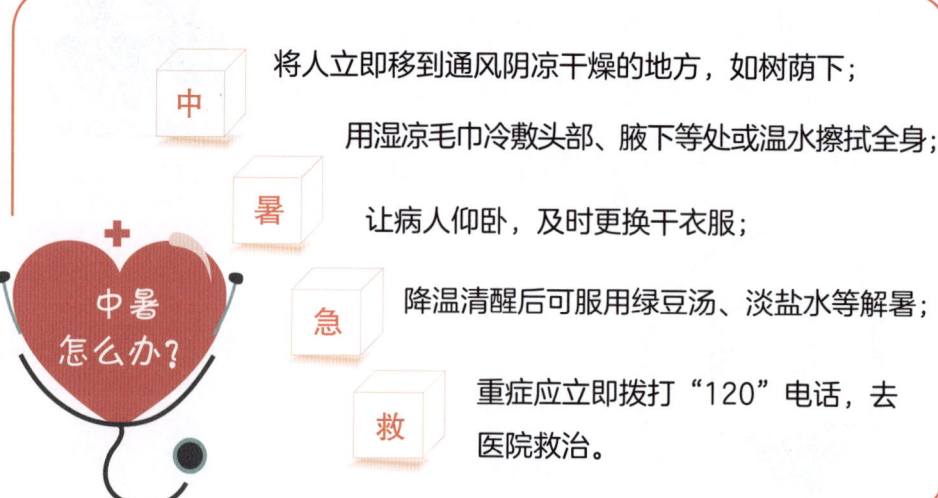

中暑怎么办？

中：将人立即移到通风阴凉干燥的地方，如树荫下；

暑：用湿凉毛巾冷敷头部、腋下等处或温水擦拭全身；

急：让病人仰卧，及时更换干衣服；降温清醒后可服用绿豆汤、淡盐水等解暑；

救：重症应立即拨打"120"电话，去医院救治。

难以分辨的双胞胎——雨凇雾凇

什么是雨凇?

雨凇俗称树凝或冰凌,过冷却的降水碰到温度低于0℃的物体形成玻璃状的透明或无光泽的表面粗糙的冰覆盖层。

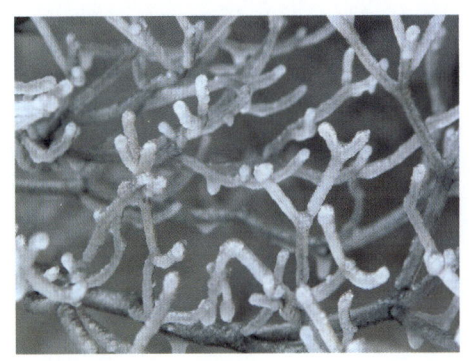

什么是雾凇?

雾凇俗称树挂,有雾的寒冷天气,雾滴冻结附着在草木和其他物体迎风面的疏松冻结层。

雨凇和雾凇的区别

类别	雨凇	雾凇
外形特征	呈透明玻璃状或半透明毛玻璃状坚硬 光滑或略有隆突 密度很大	白色或乳白色不透明的粒状 比较松脆 密度较小
形成原理	过冷雨滴碰到温度<0 ℃的物体直接撞冻而成	水汽直接凝华或过冷却雾滴遇到低于冻结温度的物体时不断积聚冻粘而成
形成方式 形成过程	冻雨形成 雨水降落凝结而成	霜的一种 水汽上升飘落或悬挂凝结而成
天气条件	微寒且有雨 风力强 多在冷暖气团交锋且暖气团势力较强情况下发生	严寒（气温很低） 充足的水汽 天晴少云 静风或微风
时间分布	12月至次年3月 冷空气侵袭时	11月至次年3月
空间分布	多出现在南方 多见于潮湿高山地区 四川、江西、湖南多见	多出现在北方 多见于潮湿邻水区 吉林、黑龙江、内蒙古多见
附着部位	水平面和迎风面上增长快 垂直面亦可	物体的突出部分和迎风面

难以分辨的双胞胎——雨凇雾凇

雨凇的形态

- 梳状雨凇
- 椭圆状雨凇
- 匣状雨凇
- 波状雨凇

雾凇的分类

- 晶状雾凇
  过冷却雾滴蒸发时
  产生水汽凝华形成

- 粒状雾凇
  过冷却雾滴在温度<0℃
  的物体迎风面撞冻形成

- 呈半透明粒状
  密度比较小
  温度＜-15℃

- 密度比较大
  呈乳白色松脆粒状起伏
  温度在-7~-2℃

- 过冷却雾滴比较充足
  静风或微风时
  结构松散，易脱落

- 过冷却雾滴比较少
  形成时风速较大
  结构紧密，不易脱落

雾凇最佳观赏期

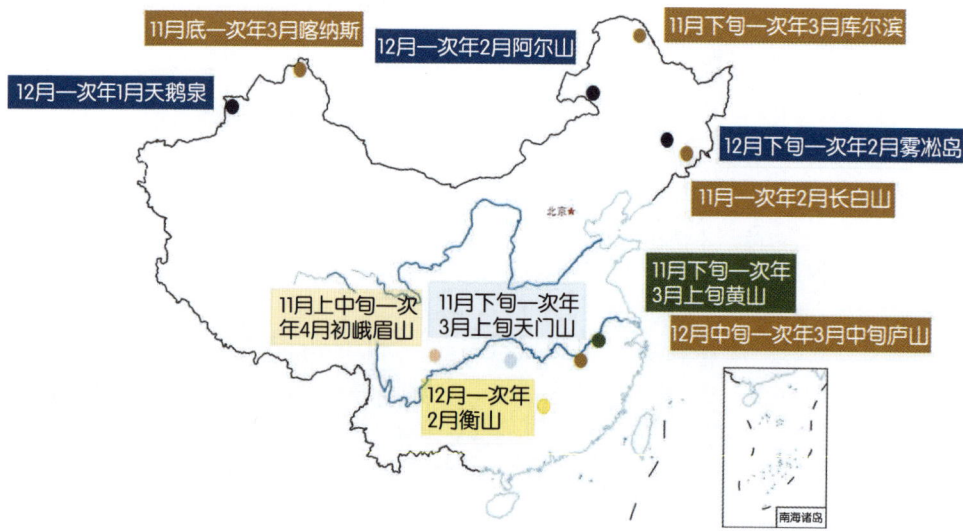

注：数据来源于各省（区、市）气象局雾凇预报及景区公告

雨凇的危害

冻坏农作物和冻伤果树等。

难以分辨的双胞胎——雨凇雾凇

形成道路结冰，易引发交通事故。

增加电线的重量，中断供电和通信线路。

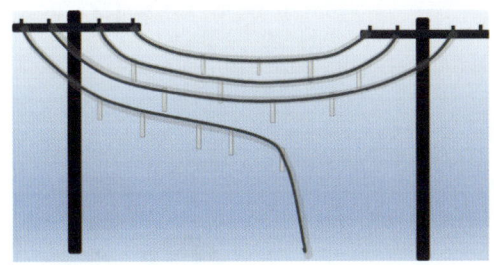

冰层不断增厚，会压塌树枝，大面积破坏幼林。

威胁飞机安全，机翼、螺旋桨积冰易造成失事。

雾凇的益处

天然的"净化器"，可吸附空气中的微粒，净化空气。

天然的"负氧离子发生器"，增加空气中的负氧离子。

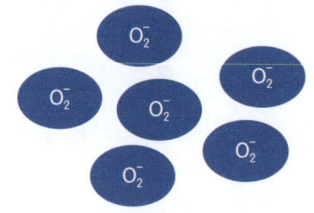

天然的"消声器"，能吸收和容纳大量声波。

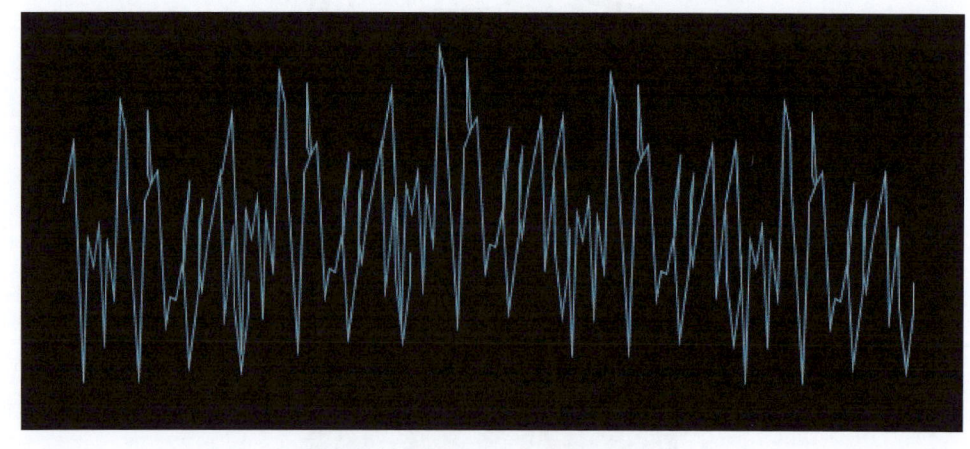

大自然的破坏王——冰雹

冰雹是什么样子的？

冰雹是一种固态降水物，系圆球形、圆锥形或形状不规则的冰块，由透明层和不透明层相间组成。

易出现时间

多发生于春季、夏季。

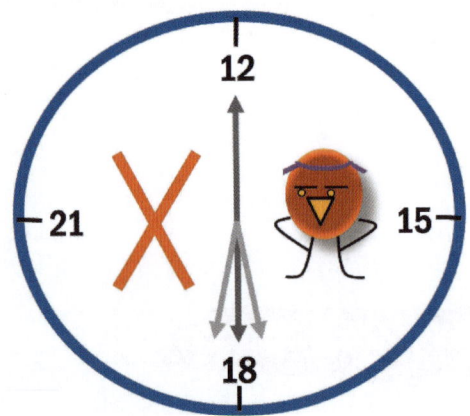

多出现在午后到傍晚前后。

特点

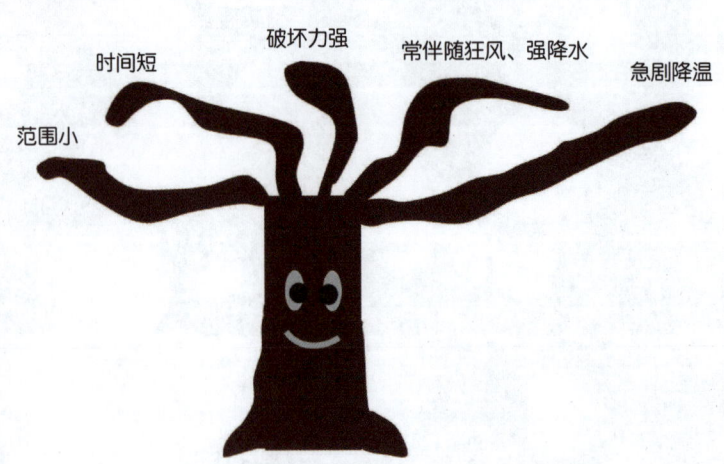

大自然的破坏王——冰雹

冰雹形成过程

★ 强上升气流将云下部水滴带到中上层，凝固成冰晶。

★ 冰晶与过冷水滴碰撞后，形成雹胚（冰雹核心）。

★ 雹胚随着上升气流一次次在空中上升、下降，附着更多过冷水滴，雹胚越来越大。当上升气流托不住雹胚时便掉落，若到达地面仍是冰粒状，称为冰雹。

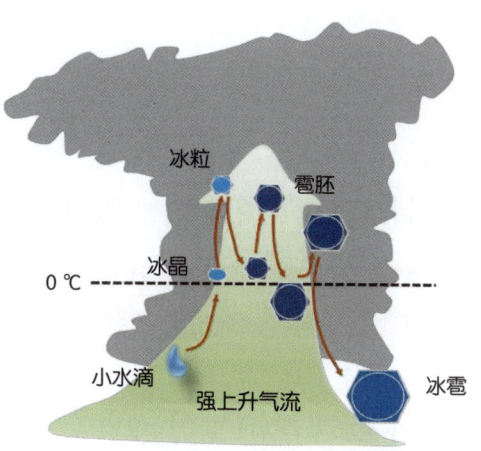

冰雹形成过程示意图

冰雹形成条件

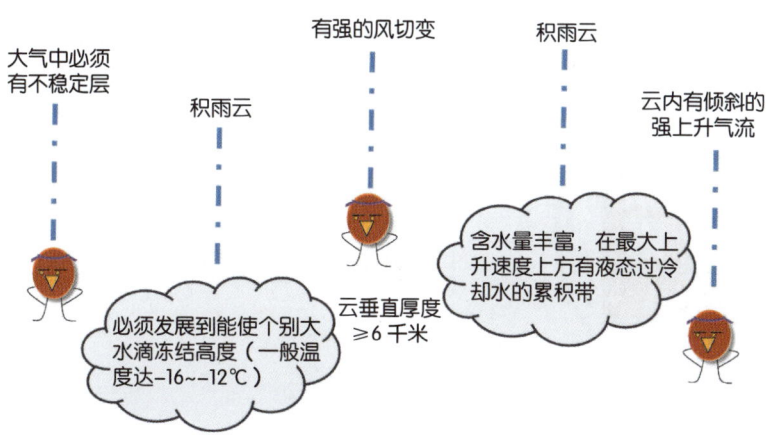

冰雹等级划分

等级	冰雹直径 D
小冰雹	$D<5$ 毫米
中冰雹	5 毫米 $\leq D<20$ 毫米
大冰雹	20 毫米 $\leq D<50$ 毫米
特大冰雹	$D\geq 50$ 毫米

冰雹的直径越大,破坏力就越大。

冰雹预警信号

冰雹预警信号分为两级。

6小时内可能出现冰雹天气,并可能造成雹灾。

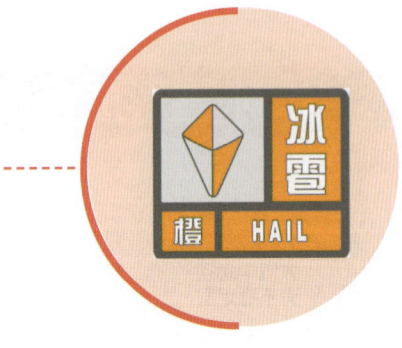

2小时内出现冰雹可能性极大,并可能造成重雹灾。

大自然的破坏王——冰雹

冰雹的危害

农业
损毁作物、果树、蔬菜，使其减产或绝收。

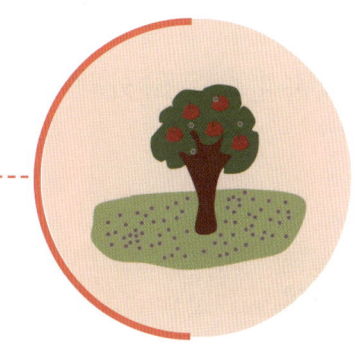

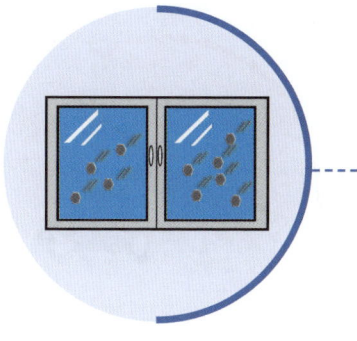

建筑
破坏房屋、临时搭建物、玻璃等，损坏船只。

交通
砸坏车辆，引发交通事故，延误航班。

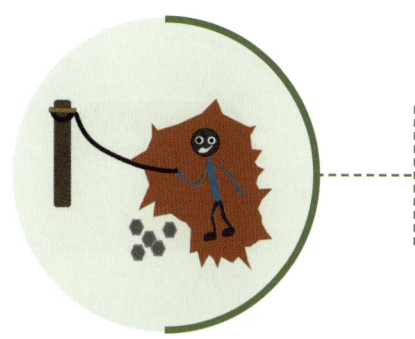

电力
毁坏电线，造成人员触电或停电。

安全
危害生命，砸死砸伤人员牲畜。

防雹方法

人工影响天气：用火箭、高炮或飞机发射催化剂，减少雹胚形成。

农业：选种抗雹和恢复能力强的农作物。降雹季节，农民下地随身携带防雹工具，如竹篮。多雹地带种植牧草和树木，改善地貌环境。

出行：在室外及时躲避到建筑物内，不能躲在树下或电线杆等处，以防树倒砸伤或触电。若驾车应尽快驶入有遮挡区域。

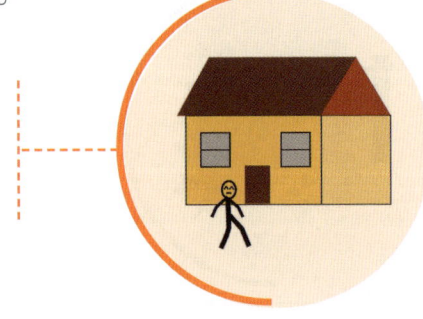

冰雹历险记

一颗小小的冰雹,
突然间从天而降。
它强大的破坏力,
容易砸坏农作物,
砸伤牲畜和人员。
它是如何形成的,
一同来探索冰雹
的微观成长史吧!

冰雹的微观形成过程

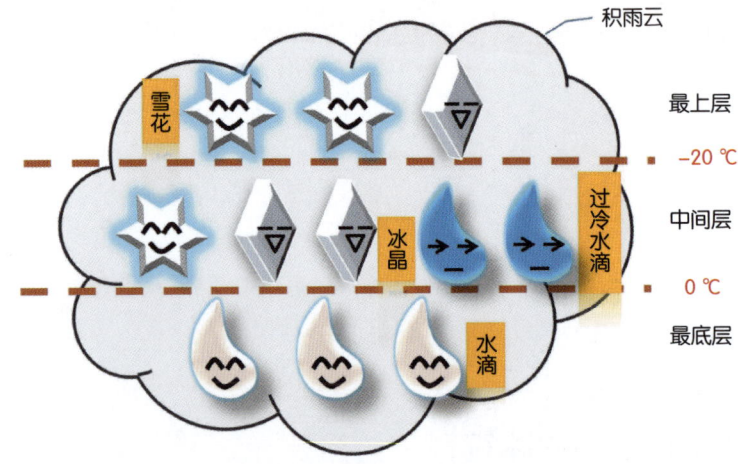

这是一片发展旺盛的积雨云。按照温度可分成三层，温度高于0 ℃的最底层，由普通水滴组成。介于0 ℃与-20 ℃之间的中间层，包含过冷水滴、冰晶和雪花。温度低于-20 ℃的最上层主要由雪花和冰晶组成。

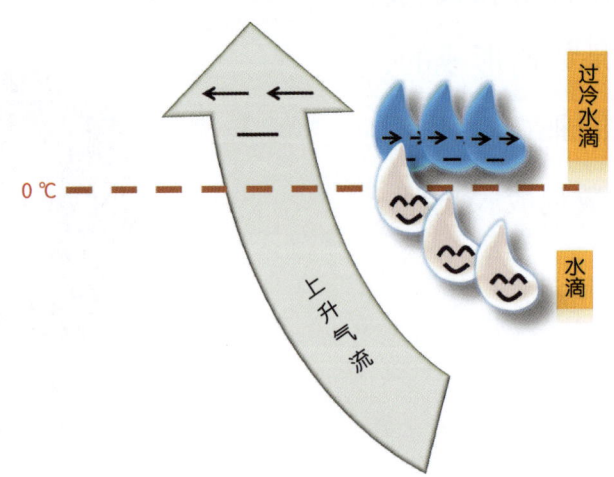

冰雹历险记

当遇到强盛的上升气流，底层的水滴就会被源源不断地送往中间层，随着温度的降低和气流的推升作用，普通水滴"升级"为过冷水滴。

这时中间层会变得越来越拥挤，容纳了大量的过冷水滴和冰晶，相邻的过冷水滴和冰晶会不断地相互摩擦碰撞。

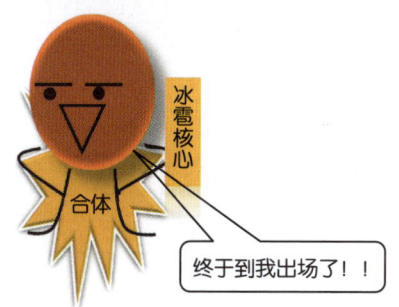

过冷水滴和冰晶碰撞就产生了冰雹初生代，在气象上我们称之为雹胚，也就是我们所说的冰雹核心。

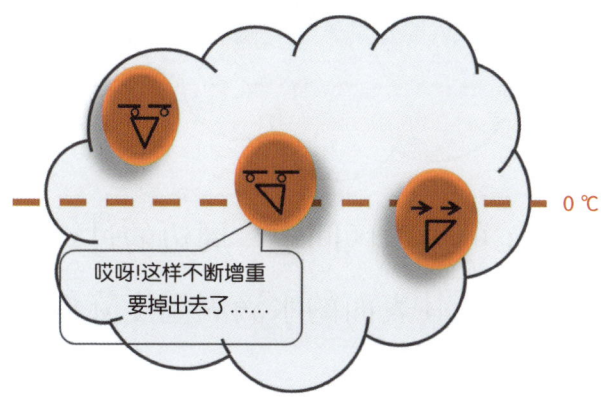

一片旺盛的积雨云中会源源不断地有新的冰雹核心碰并产生，但是往往新合体形成的冰雹核心因为其自身重量的不断增加会逐渐从中间层掉落到 0 ℃层以下。

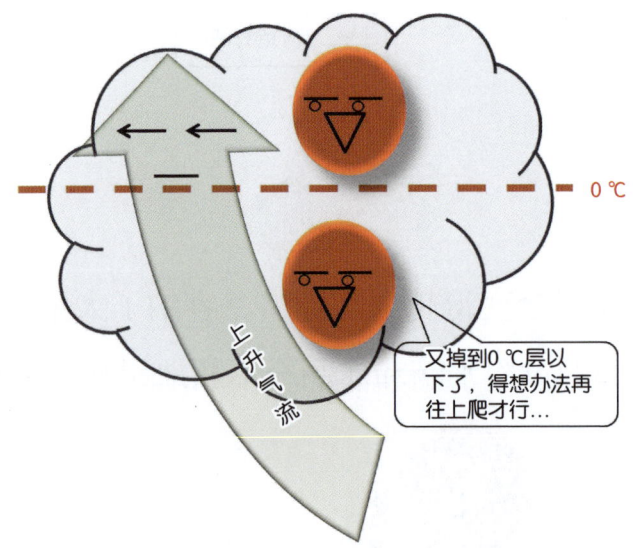

积雨云中旺盛而强烈上升气流再次将增长后的冰雹核心送上高空，这又会带来新一次的增重、降落。

在 -20～0 ℃的温度区间内，周边的过冷水滴会被不断吸附到雹胚表面。在其表面的水滴因温度降低产生冻结，包

冰雹历险记

裹原本的雹胚。

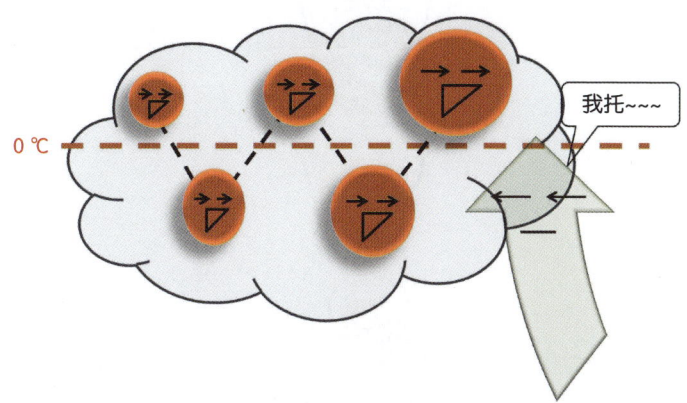

经历一次又一次上升降落，循环往复，雹胚变得越来越大、越来越重。

几经沉浮，当上升气流无法承载雹胚的重量时，它便会掉出云层。

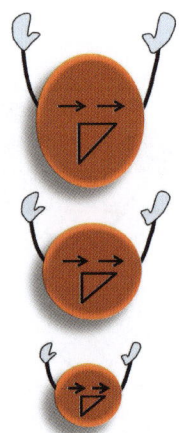

在降落过程中越接近地面温度越高，雹胚也会随之融化变小。如果到达地面后仍然是冰粒状，就称之为冰雹。

道路结冰要小心

什么是道路结冰？

道路结冰指降水（如雨、雪、冻雨或雾滴等）碰到温度低于 0 ℃ 的地面而出现的积雪或结冰现象。

> 通常包括冻结的残雪、凸凹的冰辙、雪融水或

> 其他原因的道路积水在寒冷季节形成的坚硬冰层

路结冰发生时间

易发生在冬季和早春，11月到次年4月。

道路结冰形成方式

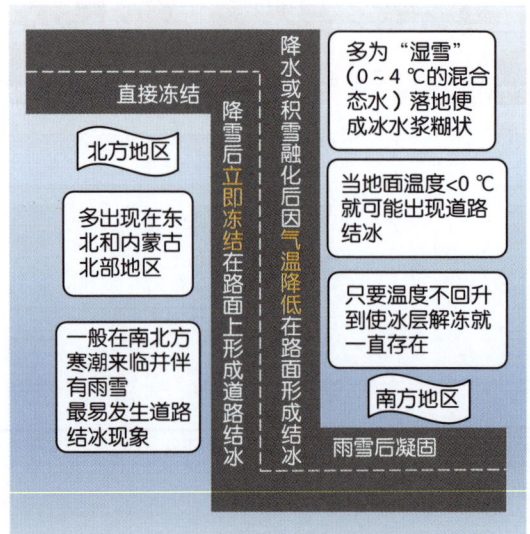

为什么桥面比路面易结冰？

桥面悬空，热量容易散失，而路面能从土壤中获得热量，温度比桥面高，所以有时桥面结冰了，路面还没结冰。

道路结冰预警信号

道路结冰预警信号分为三级。

道路结冰要小心

当路表温度低于0 ℃，出现降水，12 小时内可能出现对交通有影响的道路结冰。

当路表温度低于0 ℃，出现降水，6 小时内可能出现对交通有较大影响的道路结冰。

当路表温度低于0 ℃，出现降水，2 小时内可能出现或者已经出现对交通有很大影响的道路结冰。

道路结冰的危害

易使行人滑倒，造成摔伤。

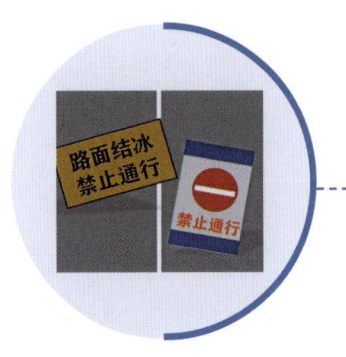

致使高速公路封闭,影响物资运输和出行。

机场跑道关闭,无法正常起落,造成飞机延误。

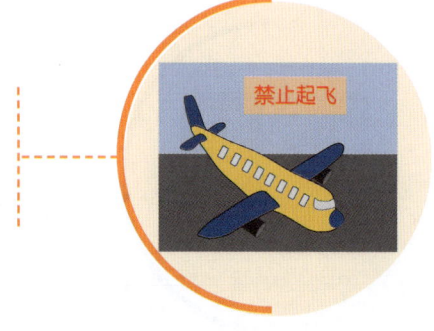

车轮与路面摩擦减弱,易使车辆打滑,发生交通事故。

道路结冰的防御

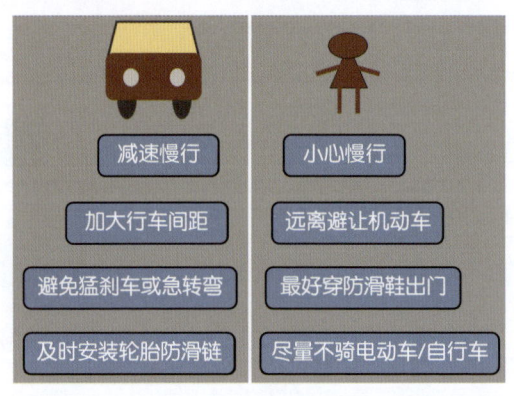

雪花的奥秘

雪花有多重?

1 克雪花
包含 5000～10000 朵

1 朵雪花
直径 1～3 毫米

1 立方米的新雪一般含 60 亿～80 亿朵雪花。

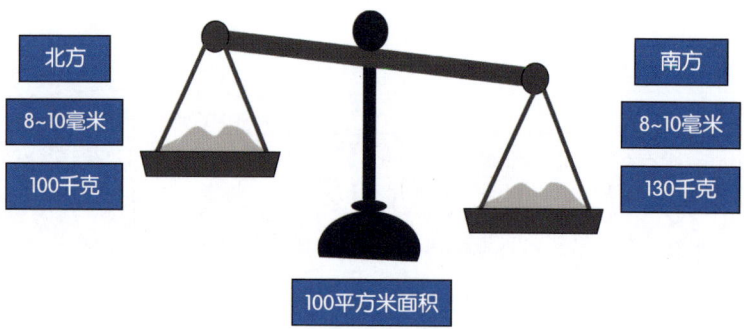

积雪深度

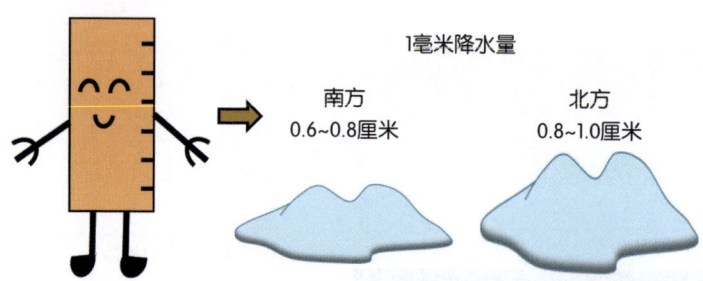

干雪与湿雪的区别

湿雪的黏性更大；因湿雪更重，更易造成建筑物倒塌和树木折倒。

雪花的奥秘

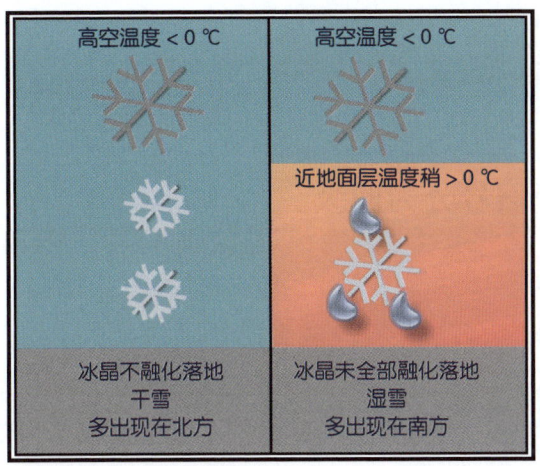

雪的等级划分

24 小时降水量	雪的等级	12 小时降水量
0.1～2.4 毫米	小雪	0.1～0.9 毫米
2.5～4.9 毫米	中雪	1.0～2.9 毫米
5.0～9.9 毫米	大雪	3.0～5.9 毫米
10.0～19.9 毫米	暴雪	6.0～9.9 毫米
20.0～29.9 毫米	大暴雪	10.0～14.9 毫米
≥30.0 毫米	特大暴雪	≥15.0 毫米
1.3～3.7 毫米	小到中雪	0.5～1.9 毫米
3.8～7.4 毫米	中到大雪	2.0～4.4 毫米
7.5～15.0 毫米	大到暴雪	4.5～7.5 毫米

暴雪预警信号

暴雪预警信号分为四级。

暴雪预警	降雪量
暴雪蓝	12小时内将达4毫米以上或者已达4毫米以上且降雪持续
暴雪黄	12小时内将达6毫米以上或者已达6毫米以上且降雪持续
暴雪橙	6小时内将达10毫米以上或者已达10毫米以上且降雪持续
暴雪红	6小时内将达15毫米以上或者已达15毫米以上且降雪持续

雪的危害与益处

危害	益处
冻伤农作物	增加土壤肥力
损坏房屋、畜舍	消灭虫卵，减少虫害
引发交通事故	蓄水抗旱，增加土壤水分
损坏电力通信设施	吸收大气杂质，净化空气
长时间看雪会出现雪盲症	防冻保温，利于作物安全越冬

雪花的奥秘

雪的防御

及时关注气象部门暴雪预报信息。

及时组织融雪除冰,清除路面积雪。

远离广告牌和树等,以防垮塌被砸伤。

驾车慢行,保持车距。

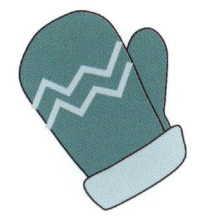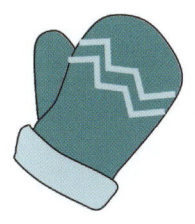
外出做好防寒保暖,小心慢行,谨防滑倒。

天然的小冰箱——冷空气

何谓冷空气?

冷空气是使所经地点气温下降的空气团,每次入侵我国的冷空气强度是不同的,降温幅度随之不同。

天气现象

冷空气来临,通常会伴随一些天气现象。

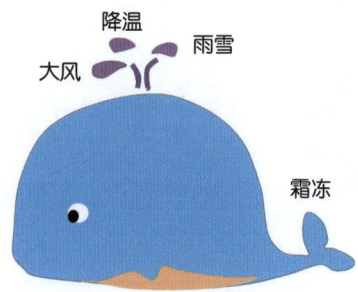

天然的小冰箱——冷空气

冷空气来临前为什么会增温？

我国地处西风带，高空槽前往往是西南气流，槽后是来自西北的冷空气。冷空气来临前，气压梯度力加大，使得冷锋前的西南暖湿气流往往会明显发展，造成锋前的明显升温。冷空气在南下过程中，会把原来占据当地的暖气团迅速挤压压缩，从而使得暖空气聚集增温。

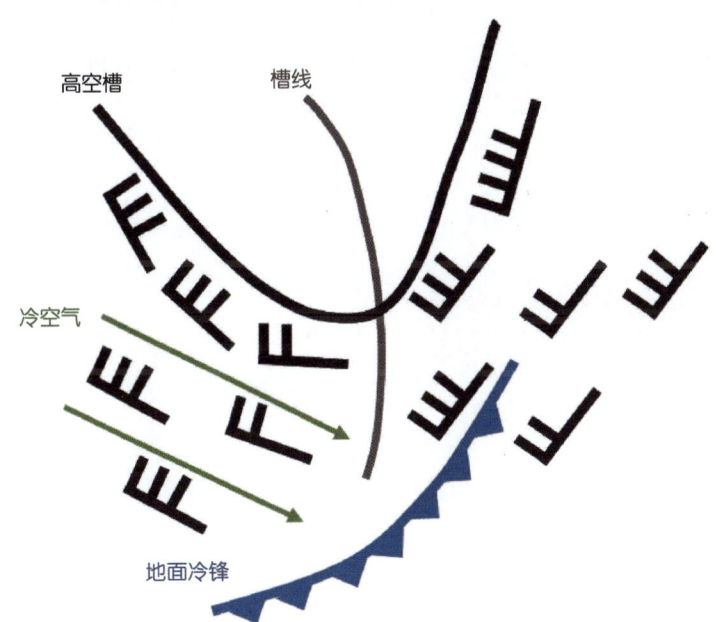

冷空气强度

冷空气等级划分表（以安徽为例）

等级划分	日最低气温	降温幅度
弱冷空气	—	48小时内＜6℃
较强冷空气	—	48小时内＞6℃且＜8℃
	＞8℃	48小时内＞8℃
强冷空气	≤8℃	48小时内≥8℃
寒潮	≤4℃	24小时内≥8℃
	≤4℃	48小时内≥10℃

冷空气源地和路径

冷空气最初来自北冰洋地区，在西伯利亚地区加强，进而影响我国。

冷空气入侵我国路径

关键区：95%的冷空气都要经过西伯利亚中部（70°—90°E，43°—65°N）地区并积累加强，这里就是寒潮关键区。

天然的小冰箱——冷空气

东路

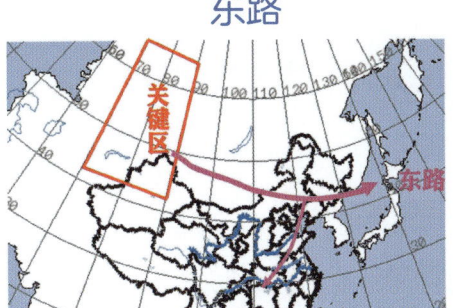

东路：关键区—蒙古—我国华北北部，冷空气主力继续东移。

低空冷空气折向西南—渤海—华北—黄河下游—两湖盆地。

中路

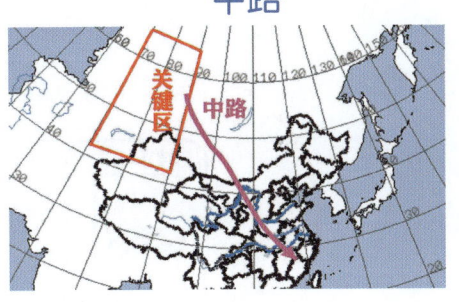

中路：关键区—蒙古—我国河套附近—长江中下游及江南地区。

西路

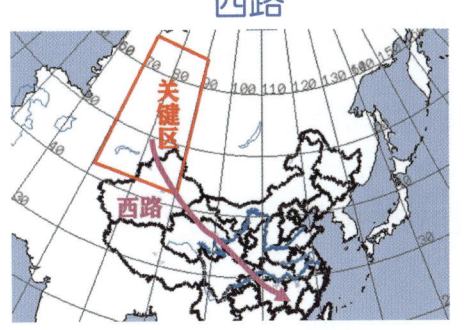

西路：关键区—我国新疆—青海—西藏高原东南侧南下，影响我国西北、西南及江南各地。

东路 + 西路

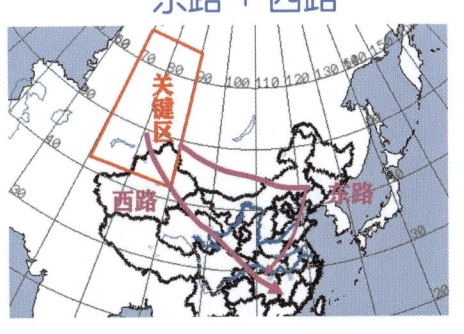

东路 + 西路：东路—河套下游南下，西路—青海东南下。

两股冷空气在黄土高原东侧、黄河、长江之间汇合。

温馨提示

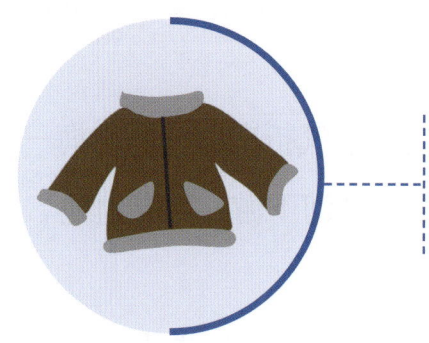

及时添衣,注意保暖。

小心使用电器,如电热毯。

多吃温性食物,多喝热水。

加强锻炼,强健体魄。

什么是寒潮？

寒潮是指北方冷空气大规模向南侵袭，造成大范围急剧降温和大风的天气过程，有时还会出现雨雪、霜冻天气。

寒潮天气特点

寒潮标准（以安徽为例）

日平均气温	日最低气温
24小时降温8℃或以上	≤4℃
48小时降温10℃或以上	≤4℃

寒潮易发生季节

寒潮容易在秋末、冬季、初春时节发生。

冷空气源地和路径

Ⅰ 新地岛以西洋面—巴伦支海—俄罗斯欧洲地区—我国

Ⅱ 新地岛以东洋面—喀拉海—太梅尔半岛—俄罗斯地区—我国

Ⅲ 冰岛以南洋面—俄罗斯欧洲南部或地中海—黑海—里海—我国

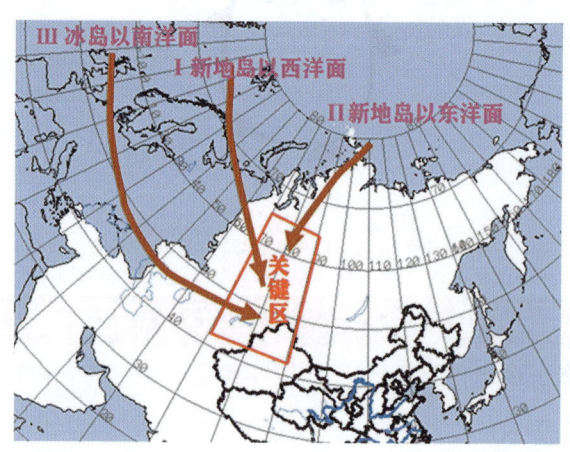

大自然的冷冻库——寒潮

寒潮预警信号

寒潮预警信号分为四级。

寒潮预警	最低气温将要（或已经）	最低气温	陆地平均风力
蓝 COLD WAVE	48小时内下降8℃以上	≤4℃	5级以上
黄 COLD WAVE	24小时内下降10℃以上	≤4℃	6级以上
橙 COLD WAVE	24小时内下降12℃以上	≤0℃	6级以上
红 COLD WAVE	24小时内下降16℃以上	≤0℃	6级以上

寒潮的危害

出行
道路结冰打滑，交通事故上升。

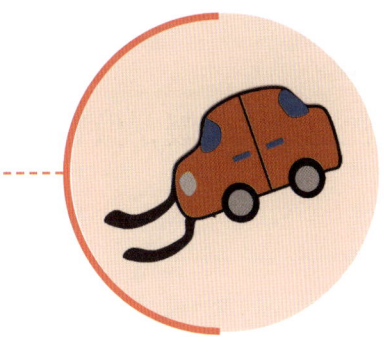

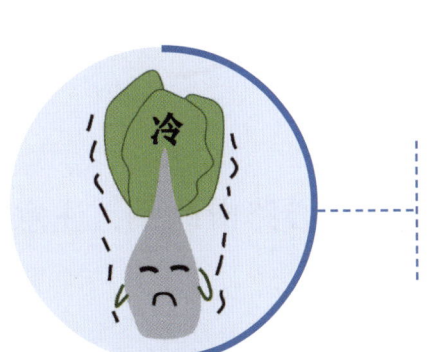

农业
早春晚秋农作物冻害。

设施
电线积冰损毁,供电中断。

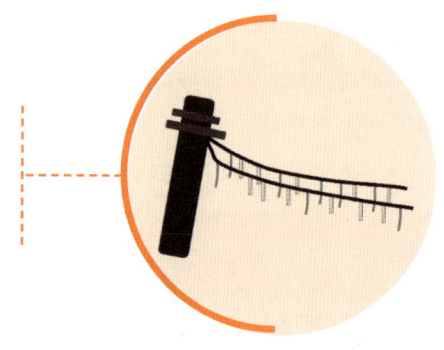

疾病
易引发感冒、气管炎、关节痛等。

寒潮的防御

注意添衣保暖,做好防寒工作。

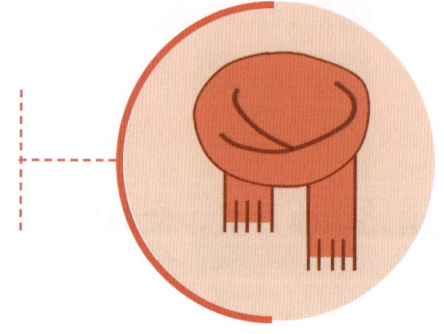

行人外出当心路滑跌倒,注意防滑。

大自然的冷冻库——寒潮

司机注意道路结冰路况,慢速驾驶。

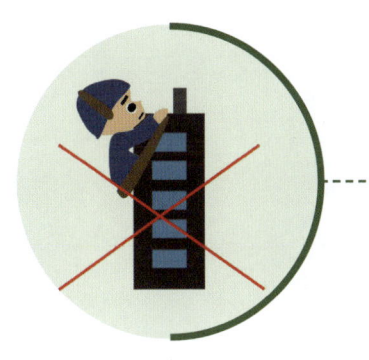

船舶到避风场所避风,高空应停止作业。

野外牲畜赶进棚圈内,做好防寒保温工作。

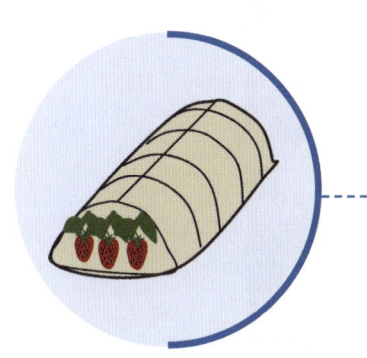

大棚加盖草垫、双层薄膜等保温材料,提高棚内温度。

冬日的白色魔法——霜冻

什么是霜冻？

霜冻是一种较为常见的农业气象灾害，是指空气温度突然下降，地表温度骤降到0 ℃以下，使农作物受到损害，甚至死亡。

冬日的白色魔法——霜冻

与"霜"不同

发生霜冻时不一定出现霜，出现霜时也不一定就有霜冻发生。

"霜"是近地面空气中的水汽达到饱和，并且地面温度低于0℃，在物体上直接凝华而成的白色冰晶。

霜的分类

白霜：近地面空气中的水汽含量充沛，气温低于0℃时，水汽直接在地面或地面的物体上凝华为一层白色的冰晶现象。

白色凝结物

出现

黑霜：地面温度已经降到0℃以下，但近地面空气中水汽含量少，霜结不起来的现象。

不出现

发生季节

	又名	常发于	作物	危害越大
早霜冻	秋霜冻	秋季	秋收作物尚未成熟或露地蔬菜还未收获时发生的霜冻	出现越早
晚霜冻	春霜冻	春季	春播作物苗期、果树花期、越冬作物返青后发生的霜冻	出现越晚

霜冻的分类

霜冻按形成原因大致分为三类。

1. 平流霜冻：北方强冷空气南下，气温急剧下降，导致作物受到冻害。多出现在华东、华中和华南，特别是江汉平原。

2. 辐射霜冻：地面因强烈辐射散热引起近地面较大幅度降温出现霜冻，常发生在晴朗无风的夜晚。

受地形影响较大，特别是丘陵或山区的低洼地、河谷、

冬日的白色魔法——霜冻

小盆地等易发生。

3. 混合霜冻：因北方强冷空气入侵，气温急剧下降，风停后夜间天气晴朗，辐射散热强烈，气温再下降，形成的霜冻。多发生在长江流域和江南地区农作物收割和播种阶段。

 **霜冻的预警信号**

霜冻预警信号分为三级。

霜冻预警	时效	地面最低温度将要或者已经	对农业将或已经
蓝	48小时内	下降到0℃以下	产生影响，并可能持续
黄	24小时内	下降到-3℃以下	产生影响，并可能持续
橙	24小时内	下降到-5℃以下	产生影响，并可能持续

霜冻害主要影响作物

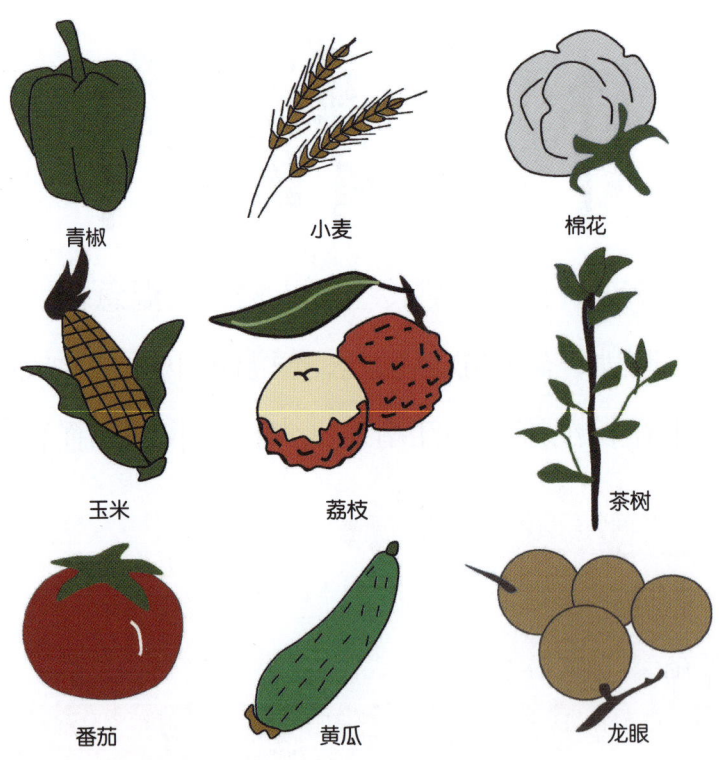

防霜小窍门

烟雾防霜法

点燃能产生大量烟雾的柴草、牛粪、煤面、锯末、赤磷等，减弱辐射冷却。

灌溉喷雾法

采用微喷雾化技术，及时灌溉。

空气扰动法

将近地层大气上下扰动混合，弥补因地面强烈辐射而损失的热量，减缓气温持续下降。

覆盖保温法

用稻草、麦秆、杂草、草木灰、尼龙塑料布等覆盖、沙土培埋幼苗等。

追加施肥法

施厩肥、堆肥和草木灰等增强土壤团粒结构，提高土壤肥力。

以上是农业上的防霜冻方法，由于有霜冻时气温很低，对于人们自己来说，要做好防寒保暖工作。

大自然的面纱——雾

雾的定义

雾指大量微小水滴或冰晶浮游空中，常呈乳白色，使水平能见度低于1000米的天气现象。

雾的等级

以 V 表示能见度

轻雾　　1000米 $\leq V <$ 10000米

大雾　　500米 $\leq V <$ 1000米

浓雾　　200米 $\leq V <$ 500米

强浓雾　　50米 $\leq V <$ 200米

特强浓雾　　$V <$ 50米

大自然的面纱——雾

易形成雾的气象条件（以辐射雾为例）

降温：温度下降，空气中容纳水汽的能力变小，多余的水汽会凝结成雾。

高湿：湿度大，空气中水汽含量高，超过一定量易凝结成雾。

晴空：晴朗的天空下，地面和大气的辐射能力强，云对近地面有保温作用，无云层覆盖会导致地面降温较快，易形成雾。

弱风：风力较小时空气稳定，大气垂直运动弱，有利于雾在近地面形成。

出现时间

雾多出现在秋冬季节，10月至次年1月为多发期，12月最多。形成时间多出现在夜间至次日早晨02—06时。

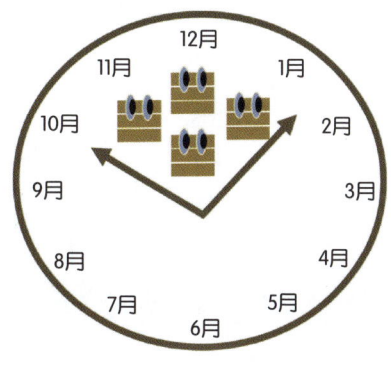

雾的种类

辐射雾： 由于夜间地表的辐射冷却，水汽凝结形成雾。常见于陆地，多发生在晴朗、微风、水汽比较充沛的夜间或早晨。

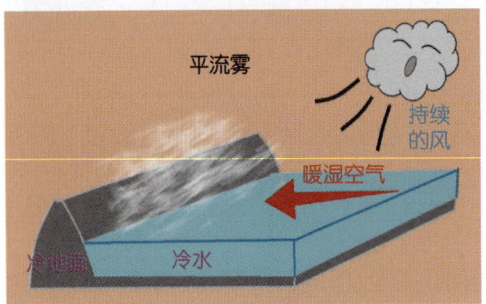

平流雾： 暖湿空气运动到较冷的下垫面上，因下部冷却而形成雾。持续有风，雾才会持续。

上坡雾： 湿空气沿山坡上升时，因绝热膨胀冷却而形成的雾。多见于山中。

蒸发雾： 冷空气流经暖水面，若温差大，因水面蒸发的大量水汽在冷空气中凝结而形成的雾。多见于晚秋及早冬时的大型湖泊旁。

锋面雾： 在冷、暖空气交界的锋面附近产生，常随锋面一起移动。

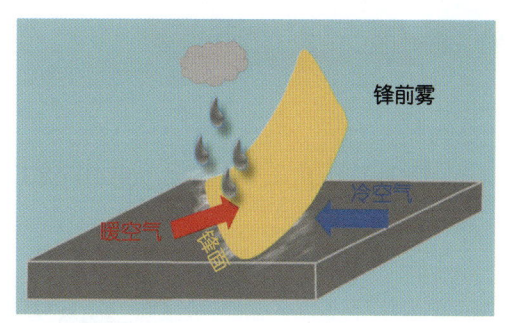

锋前雾： 锋面上面暖空气云层中的雨滴落入冷气团中经蒸发使近地面空气达到过饱和凝结而成的雾。

锋后雾： 暖湿空气移动到原来被暖锋前冷空气占据过的地区，经冷却达到过饱和而形成的雾。

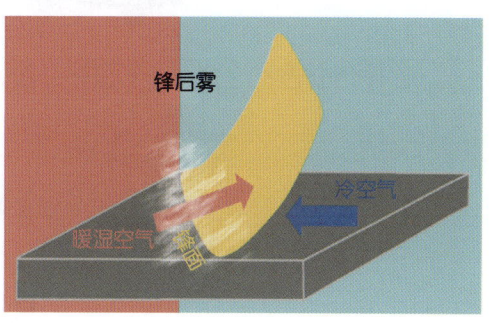

大雾的预警信号

大雾的预警信号分为三级。

	12 小时内可能出现 $V<500$ 米的雾，或者已经出现 200 米 $\leqslant V<500$ 米的雾并将持续
	6 小时内可能出现 $V<200$ 米的雾，或者已经出现 50 米 $\leqslant V<200$ 米的雾并将持续
	2 小时内可能出现 $V<50$ 米的雾，或者已经出现 $V<50$ 米的雾并将持续

雾的危害

影响交通安全,交通事故增多。

影响航空、公路、铁路、航运运输。

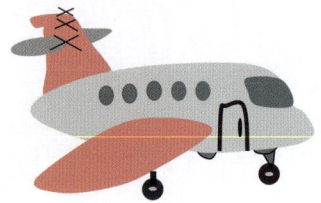

影响供电、通信系统、通信质量下降。

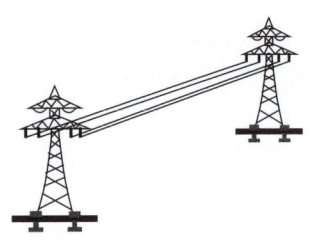

与有害物质结合,加重空气污染,危害人体健康。

大自然的面纱——雾

雾的防御

1. 及时关注气象部门大雾预警,减少户外活动。
2. 避免长时间停留户外,尽量戴口罩。
3. 驾驶人员注意控制车速,保持车距。
4. 不要在雾中奔跑或进行大运动量活动。

大自然的交响乐——雷电

什么是雷电？

雷电是一种大气中的放电现象，一般产生于对流发展旺盛的积雨云中。

天气特征

伴有强烈的阵风和暴雨，有时还有冰雹和龙卷。

大自然的交响乐——雷电

雷电有哪些特征？

突发性
生命史短
会突然发作

季节性
北方多发于6—8月
南方四季皆有
4—9月偏多

地域性
山地多于平原
南方多于北方
湿热地区多于干冷地区
土壤导电性好的地区多于
导电性差的地区

雷电种类

云间闪

云体—云体：云和云之间的放电

地闪   云闪

地面

云体—大地：云和地面之间的放电　　云内部：雷暴云内部的放电

雷电灾害种类

直击雷害　　　　　　　**感应雷击**

雷电直接击在物体上释放巨大的电量：

- 熔化金属、烧焦树木
- 引发易燃物品爆炸或火灾
- 对人生命威胁极大

电磁感应或过电压波产生极高感应电压：

- 建筑内导线、大型金属设备放电引发爆炸或火灾
- 危害供电系统
- 干扰破坏建筑内电子设备

大自然的交响乐——雷电

雷电预警信号

雷电预警信号分为三级。

	6小时内可能发生雷电活动，可能会造成雷电灾害事故
	2小时内发生雷电活动的可能性**很大**，或者已经受雷电活动影响，且可能持续，出现雷电灾害事故的可能性比较大
	2小时内发生雷电活动的可能性**非常大**，或者已经有强烈的雷电活动发生，且可能持续，出现雷电灾害事故的可能性非常大

防雷守则

当遇到雷电天气时

不要靠近高压线、旗杆、大树、电杆等，不要站在山顶或高处。

不能用有金属立柱的雨伞和金属工具，不要将铁锹扛在肩上。

避免骑自行车、摩托车，不要去水边游泳、划船、垂钓等。

减少使用手机，关闭电视机、空调机等，远离照明线、电话线等。

发生雷击时怎么做？

应立即将病人送往医院，注意给病人保温。

若呼吸、心跳已经停止，立即就地做人工呼吸和心肺复苏。

对电灼伤局部，急救条件下保持干燥或包扎即可。

若有狂躁不安、痉挛抽搐等症状，做头部冷敷。

雨中的急脾气——短时强降水

 **什么是短时强降水？** 在短时间内具有相对较大的降水强度，一般指 1 小时降水量 ≥ 20 毫米。

 **易出现时间** 主要集中在 4—9 月，尤其以 7 月和 8 月居多。

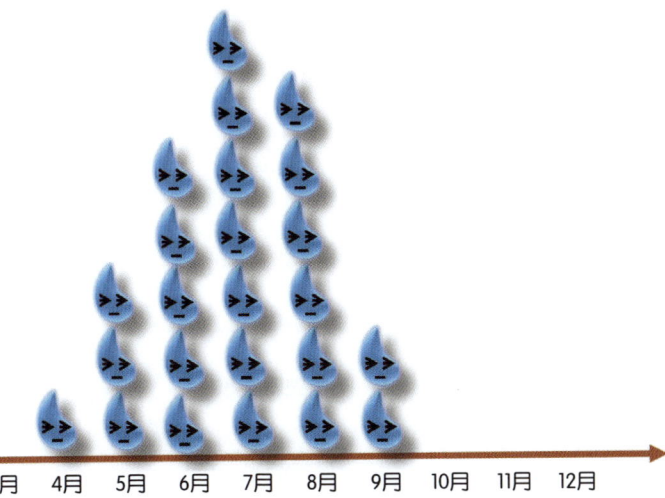

多发时段主要在早晨、午后到傍晚

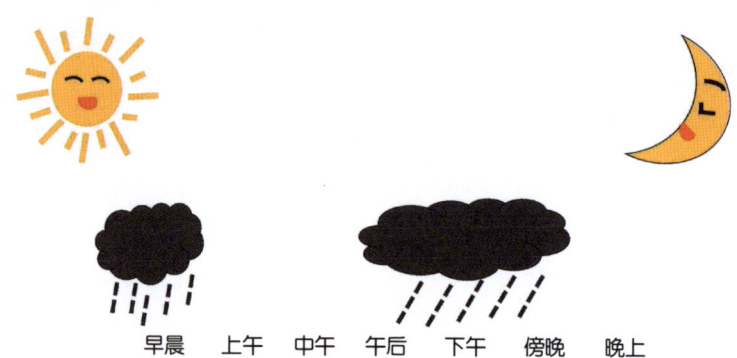

早晨　上午　中午　午后　下午　傍晚　晚上

为什么在午后最活跃？

午后地面气温上升，大气的上升运动更强，因受热不均，易激发一些热对流，再加上天气系统的影响，易导致短时强降水出现。大家在午后时段要多加防范"急雨"。

特点

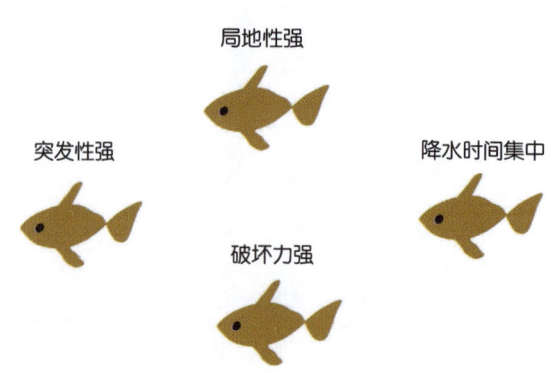

局地性强

突发性强

降水时间集中

破坏力强

雨中的急脾气——短时强降水

 短时强降水怎么形成的？

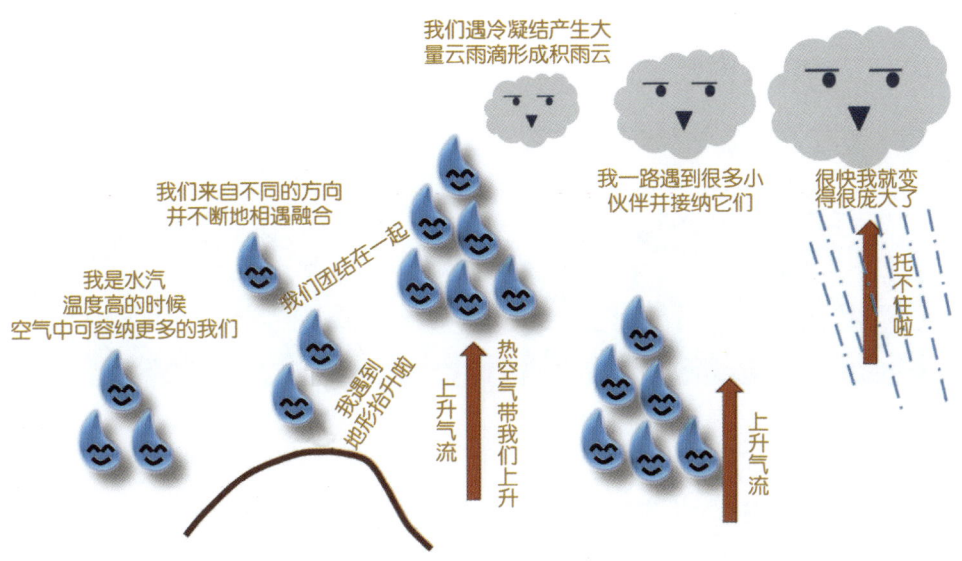

必要条件
充足的水汽
强烈的上升运动

 易发区域分布特点

发生频率 PK

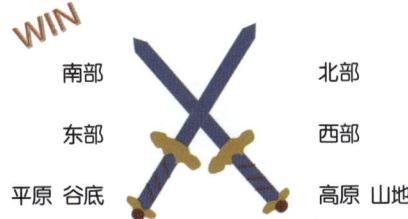

短时强降水的危害有哪些？

城市内涝

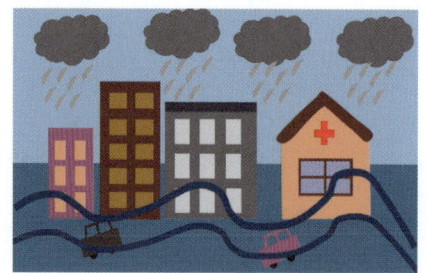

农田积水

山洪暴发

泥石流

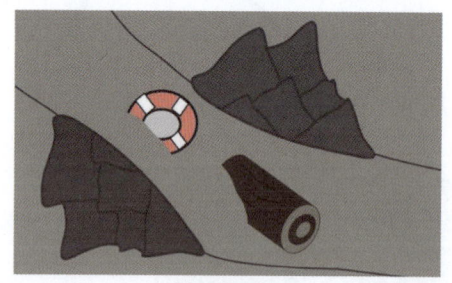

山体滑坡

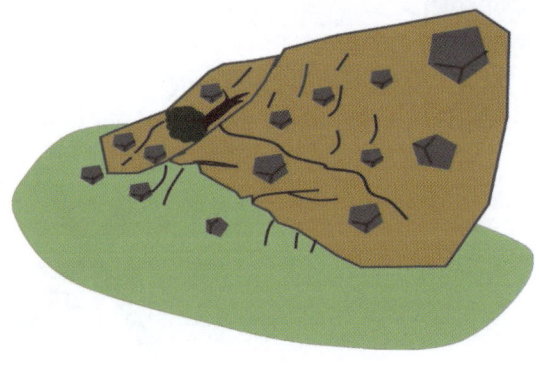

雨中的急脾气——短时强降水

短时强降水的防御

户外行走尽量贴近建筑，防止跌入窨井。

避开灯杆、电线杆、电力线及附近树木等可能连电的物体。

驾车经过积水深处，尽量绕行。若在低洼积水处要立即熄火，下车到高处等待救援。

遇泥石流时，要向泥石流前进方向的两侧山坡跑，切不可顺着泥石流沟向上游或向下游跑，更不要留在凹坡处。

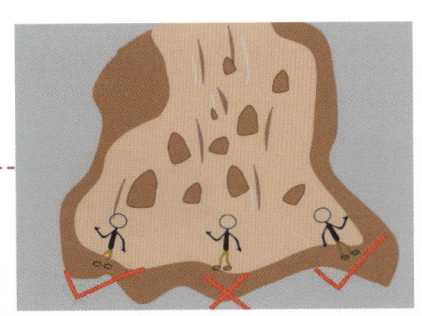

暴雨的那些事

什么是暴雨？

气象上，暴雨是指 24 小时内降水量达到或超过 50 毫米以上。

暴雨家族

暴雨按照 24 小时降水量的大小可划分为三个等级。

暴雨	大暴雨	特大暴雨
50~99.9毫米	100~249.9毫米	≥250毫米

暴雨多发时节

暴雨主要发生在4—9月，北方尤其以7—8月居多；南方则以6—7月居多。

暴雨的形成

暴雨形成的三要素。

形成暴雨的系统

形成暴雨的各种尺度天气系统有很多，如锋面暴雨、台风产生的暴雨、切变线、低涡等。

锋面暴雨

暖湿气流与南下的冷空气相遇，暖湿气流上升中温度不断降低，水汽遇冷凝结，成云致雨，形成锋面雨。

暖区暴雨

暖区暴雨是指没有冷空气，主要由暖湿空气抬升造成。一般在华南地区多见，我国的江南和江淮地区、华北地区也有暖区暴雨发生。

台风暴雨

台风本身会带来暴雨，雨区主要在螺旋雨带。台风与其他系统结合也会产生暴雨，如西风槽。我国的华南和华东地区通常在7—9月受台风暴雨影响最频繁。

梅雨锋暴雨

长江流域维持一条稳定持久的雨带，长度达数千千米，雨带出现在梅雨锋上。梅雨锋指夏季季风气流和极地气团或变性极地大陆气团之间的辐合线，具有热带辐合带性质。锋面两侧水平温度梯度小，但湿度梯度较大。

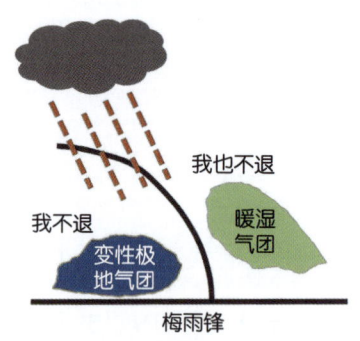

各地暴雨分布

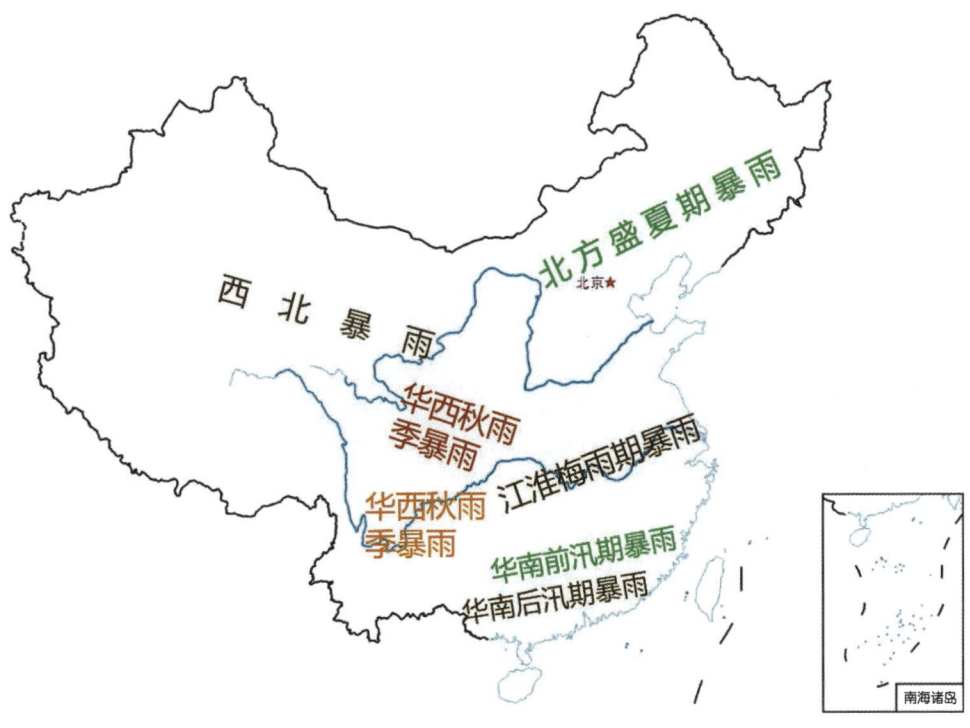

北方盛夏期暴雨：华北、东北在 7 月中旬—8 月下旬易出现暴雨。

西北暴雨：西北易出现短历时暴雨，引发泥石流和局地洪水。

华西秋雨季暴雨：陕西、甘肃南部、云南、贵州、四川西部、汉江上游、长江三峡地区在 9—10 月易出现暴雨。

江淮梅雨期暴雨：长江中下游、淮河流域在 6 月中旬—7 月上旬易出现暴雨。

华南前汛期暴雨：广东、广西、福建、湖南、江西南部、海南等地在4—6月易出现暴雨。

华南后汛期暴雨：东南沿海一带在7—9月易出现暴雨。

暴雨预警信号

暴雨预警信号分为四级。

暴雨蓝 RAIN STORM	12小时内降雨量将达50毫米以上，或者已达50毫米以上且降雨可能持续
暴雨黄 RAIN STORM	6小时内降雨量将达50毫米以上，或者已达50毫米以上且降雨可能持续
暴雨橙 RAIN STORM	3小时内降雨量将达50毫米以上，或者已达50毫米以上且降雨可能持续
暴雨红 RAIN STORM	3小时内降雨量将达100毫米以上，或者已达100毫米以上且降雨可能持续

暴雨危害

水库易因水量暴涨发生洪水。

暴雨的那些事

城市易因排水设施不健全引发城市内涝。

农田易因排水不畅导致积水渍涝。

中小型洪流易因水量暴涨发生洪水。

山区沟谷易诱发山洪、泥石流、滑坡次生灾害。

暴雨避险指南

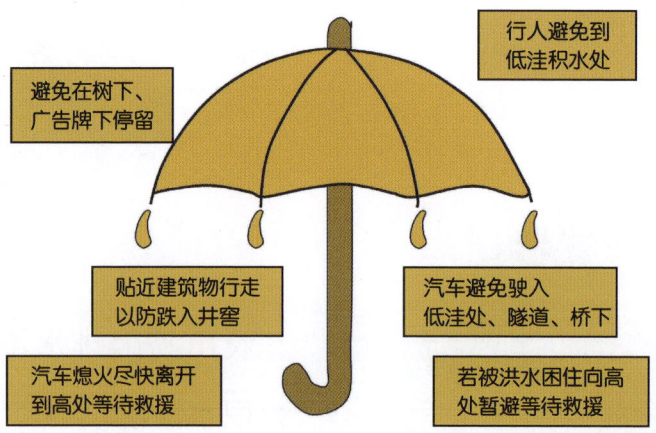

江淮梅雨——"霉完霉了"

约客

黄梅时节家家雨

青草池塘处处蛙

有约不来过夜半

闲敲棋子落灯花

一到黄梅时节，江淮地区到处是连阴雨天气，何谓梅雨？它是如何形成的？又分为几种不同类型的梅雨呢？

什么是梅雨？

每年夏初，湖北宜昌以东28°—33°N之间的江淮地区，常会出现连阴雨天气，雨量很大。这一时期正值江南梅子黄熟季节，故称"梅雨"。此时空气湿度很大，百物极易获潮

霉烂,又称"霉雨"。

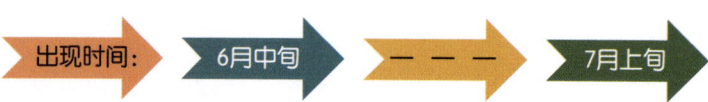

出现时间: 6月中旬 —— 7月上旬

- 梅雨开始时间:"入梅"或"立梅"
- 梅雨结束时间:"出梅"或"断梅"

涉及省(市):上海、江苏、安徽、浙江、江西、湖北、湖南等。

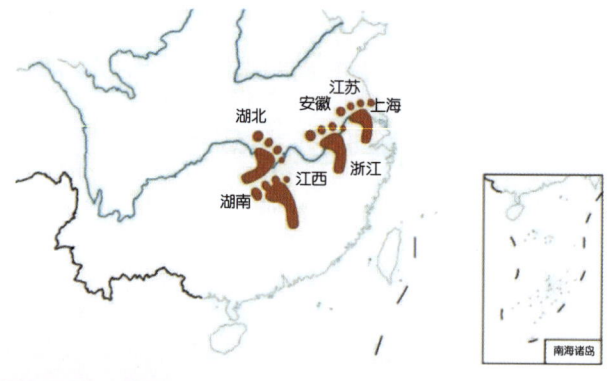

气候特征

常间有阵雨或雷雨,有时达暴雨

长江中下游多阴雨天气

降水一般为连续性

日照时间短

雨量充沛

风力较小

温高湿大

江淮梅雨——"霉完霉了"

梅雨的分类

梅雨	出现时间	持续天数	天气情况
典型梅雨	6月中旬—7月上旬	20～24天	出梅即进入盛夏
早梅雨	5月底—6月下旬	20～30天	长江中下游地区不同程度的伏旱
	5月底—7月下旬（超长梅雨）	40～60天	雨期长,降水偏多
迟梅雨	6月下旬—7月上中旬	15天左右	雨量集中,多雷雨阵雨天气
超长梅雨	6月初—8月初	60天左右	阴雨连绵,不时有大雨暴雨
空梅		连续降雨日不足6天	降水量少

梅雨的特点

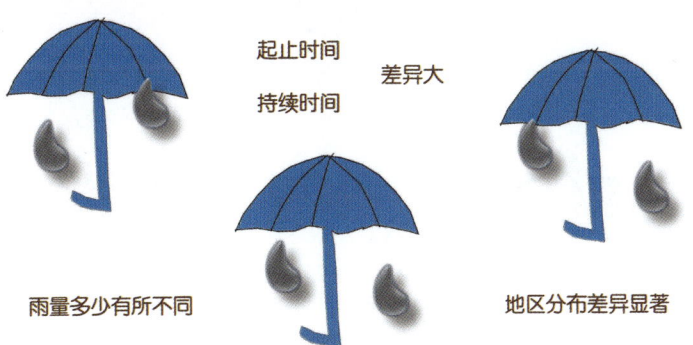

形成原因

副热带高压携带暖湿气流在江淮地区与来自西北方向的弱冷空气交汇,相持不下,形成准静止锋,形成梅雨。

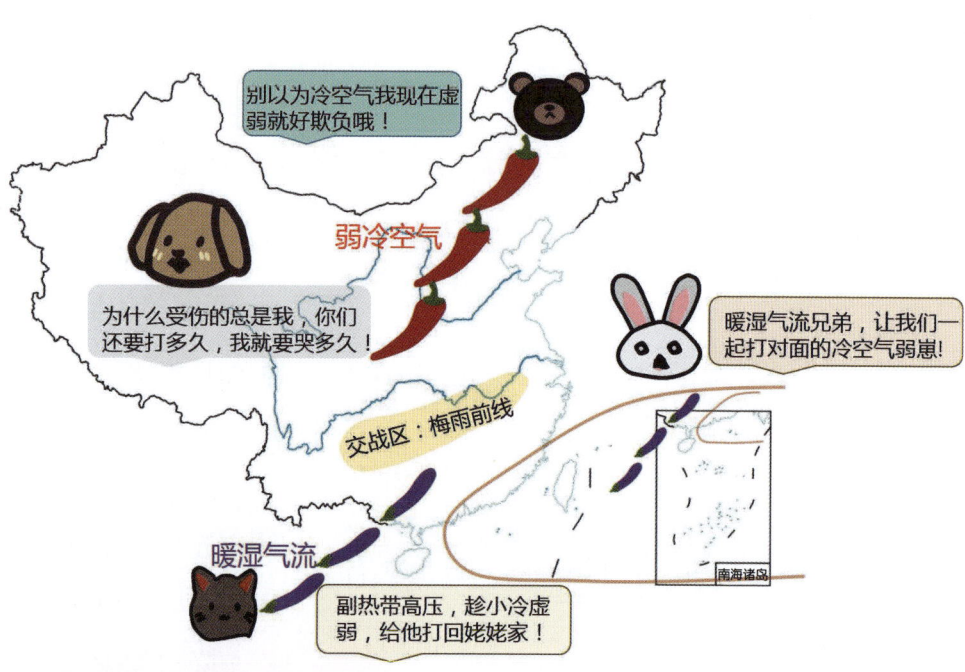

 ## 梅雨的危害

梅雨期危害

农业

持续寡照阴雨使作物易感病，严重时造成绝收

安全　　　　　健康　　　　　饮食

连阴雨易引发山体滑　手足癣、痱子等皮肤　食物不易保存，容易
坡、河道积水泛滥　　病、风湿类疾病频发　滋生细菌，易发霉

生活小贴士

衣　　　　食　　　　住　　　　行

衣被勤换勤晒　食物容易霉变　做好除湿工作　出行备好雨具
阴面卧室做好防潮　注意饮食卫生　室内多开窗通风　增强身体锻炼

雨带的季节性变动

一般降水形成过程

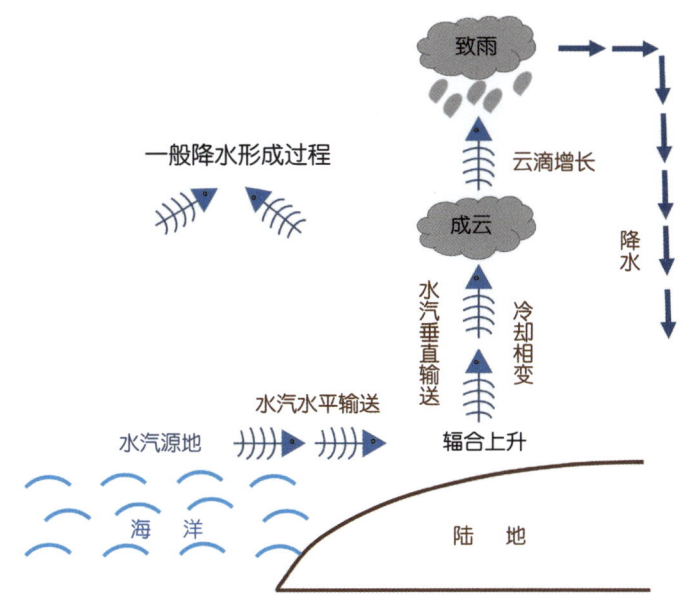

降水形成条件

1. 水汽条件：水汽水平输送。

2. 垂直运动条件：辐合上升—上升绝热膨胀，冷却凝结成云。

3. 云滴增长条件：

——水滴蒸发向冰晶凝华，导致云滴增长，产生降水；

——云滴碰撞合并，导致云滴增大，产生降水。

降水类型

1. 锋面雨：暖湿气流与冷空气相遇，暖湿气流被迫上升，遇冷凝结，形成一条很长很宽的降雨带。

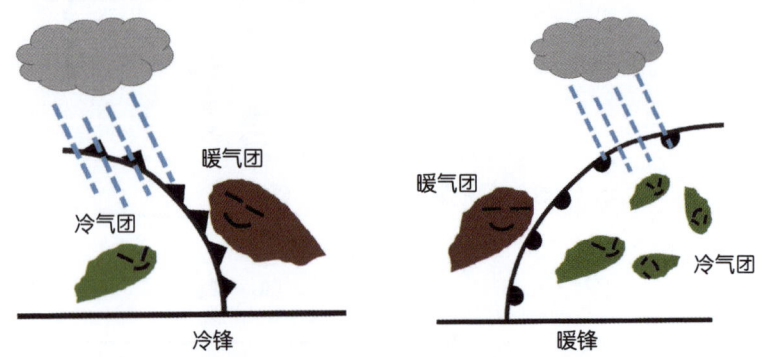

2. 对流雨（雷阵雨）：夏季强烈阳光照射下，局部地区暖湿空气急剧上升，遇冷凝结，形成降雨。

雨带的季节性变动

3. 地形雨：当行进中（比如来自海洋上的）暖湿气流遇到山脉阻挡时，被迫上升，变冷凝结，形成降雨。

4. 台风雨：热带洋面上的湿热空气大规模强烈地旋转上升，气温迅速降低，水汽大量凝结成云雨。

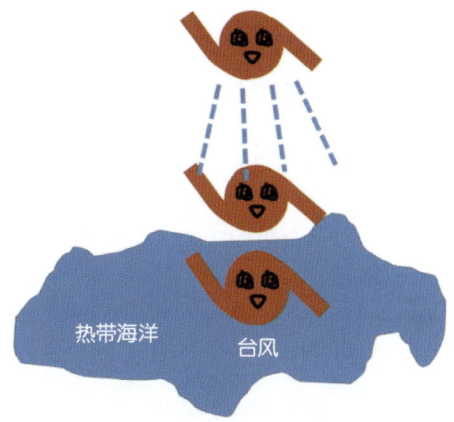

雨带季节性变动与副高变动关系

副热带高压位置的变动影响着我国雨带的季节性变动。

	时间	地区	副高脊线位置
江南春雨期	3月下旬—5月上旬	江南，雨量较小	---
华南前汛期盛期	5月中旬—6月上旬	华南，雨量迅速增大	15°—20°N
江淮梅雨期	6月中旬—7月上旬	长江中下游，雨量较大	20°—25°N
华北、东北雨季	7月中旬—8月下旬	华北、东北，降水集中	25°—30°N
淮河秋雨期	9月中旬—10月上旬	淮河流域，雨量较小	副高南退

雨带的形成原因

	雨带的形成原因
江南春雨期	主要由北方冷空气与南方暖湿气流在南岭一带形成的锋面降水
华南前汛期盛期	主要由北方冷空气侵入形成的锋面降水
江淮梅雨期	主要由梅雨锋上的西南涡形成降水
华北、东北雨季	主要是从四川移出的西南涡和青海移出的西北涡形成降水
淮河秋雨期	主要是由热带天气系统形成降水

雨带的季节性变动

降雨量等级划分

等级	时段降雨量/毫米	
	12小时降雨量	24小时降雨量
零星小雨	＜0.1	＜0.1
小雨	0.1～4.9	0.1～9.9
中雨	5.0～14.9	10.0～24.9
大雨	15.0～29.9	25.0～49.9
暴雨	30.0～69.9	50.0～99.9
大暴雨	70.0～139.9	100.0～249.9
特大暴雨	≥140.0	≥250.0

暴雨极值主要出现在山脉的迎风坡、平原与山脉过渡地区或河谷地带。

天边的彩虹桥

什么是彩虹？

彩虹是大气中的一种光现象，呈七彩圆弧状。由外到内依次呈红、橙、黄、绿、蓝、靛、紫七种颜色。

彩虹出现时间

常出现在雨后的天空中。

天边的彩虹桥

什么是色散？

不同颜色的光折射能力不同，紫色光的折射能力较大，而红色光较小，其他光介于两者之间，从而会产生光的色散。

彩虹的形成

彩虹是由大气中的小水滴对阳光的折射和反射作用而形成的。

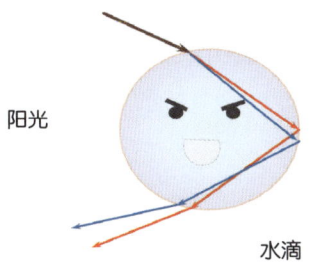

当太阳光照射到空中的水滴，光线被折射和反射，由于不同颜色的光折射能力不同，从而会产生光的色散。

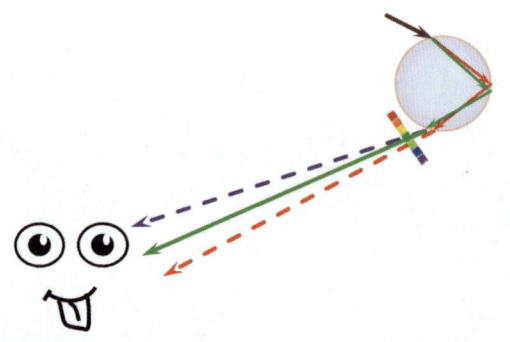

阳光经过水滴发生色散后，由于角度原因，我们只能看到每颗水滴色散后的一种颜色。

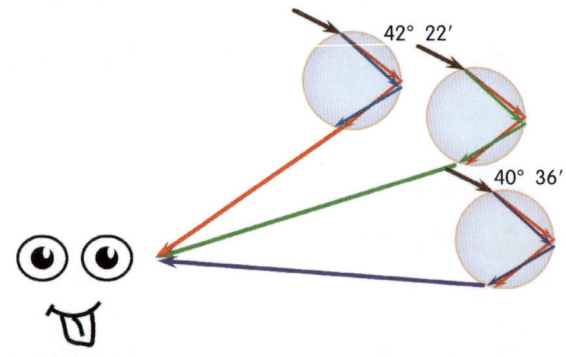

红光的最小偏向角的视半径约等于42°22′，紫光40°36′。空气中飘浮大量水滴，其他不同角度的水滴色散后，我们的眼睛就可以看到红光和紫光之间不同颜色的光。最终映入眼帘的就是一道七彩圆弧。

天边的彩虹桥

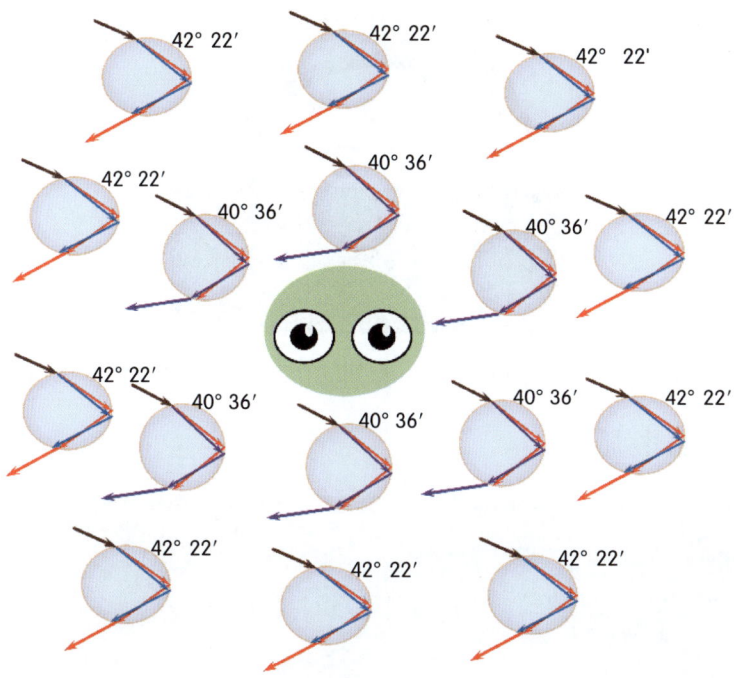

我们的视野是圆的,若水汽充足,理论上可以看到圆形闭合的彩虹圈。

但是为什么我们看到的彩虹大多都是半圆形的呢?

因为我们观察者通常处于地面之上，因此，只能看到地面之上的那半弧。

倘若各种条件适合，而我们恰巧在空中，就可以看到完整的圆形彩虹。

什么是霓？

有时我们还会看到两条颜色相反的彩虹，其实是霓，它的颜色排列与虹相反，依次为紫、靛、蓝、绿、黄、橙、红。

天边的彩虹桥

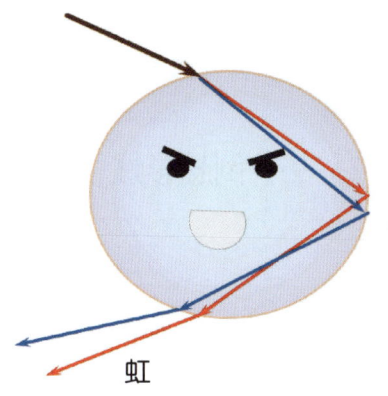
虹

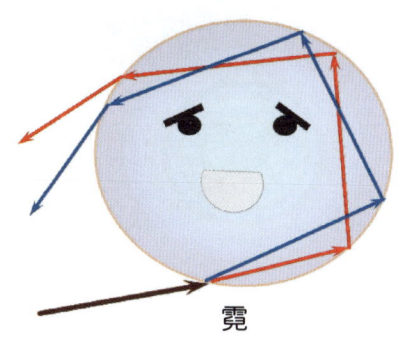
霓

虹和霓的区别

区别	虹	霓
颜色排列	内紫外红	外紫内红
颜色	鲜艳	较淡
折射次数	2	2
反射次数	1	2

霓发生了两次折射与反射，多一次反射过程，能量衰减更多，所以霓的颜色较淡。

特殊的彩虹

瀑布彩虹

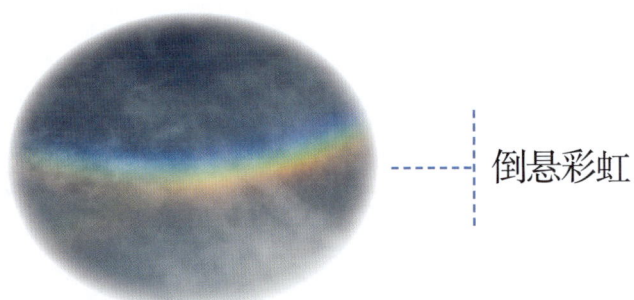
倒悬彩虹

双彩虹

雾虹

天边的彩虹桥

彩虹预报天气

彩虹不但美丽,还可以预报当地的晴雨。

东虹日头西虹雨

晚上东边出现彩虹　　早上西边出现彩虹

预示来日天晴　　　　预示当天会下雨

台风的定义

台风是发生在热带海洋上的一种具有暖中心结构的强烈气旋性涡旋（北半球）。将底层中心附近持续风速达到32.7米/秒或以上的热带气旋均称台风。

流浪台风

台风带来的天气

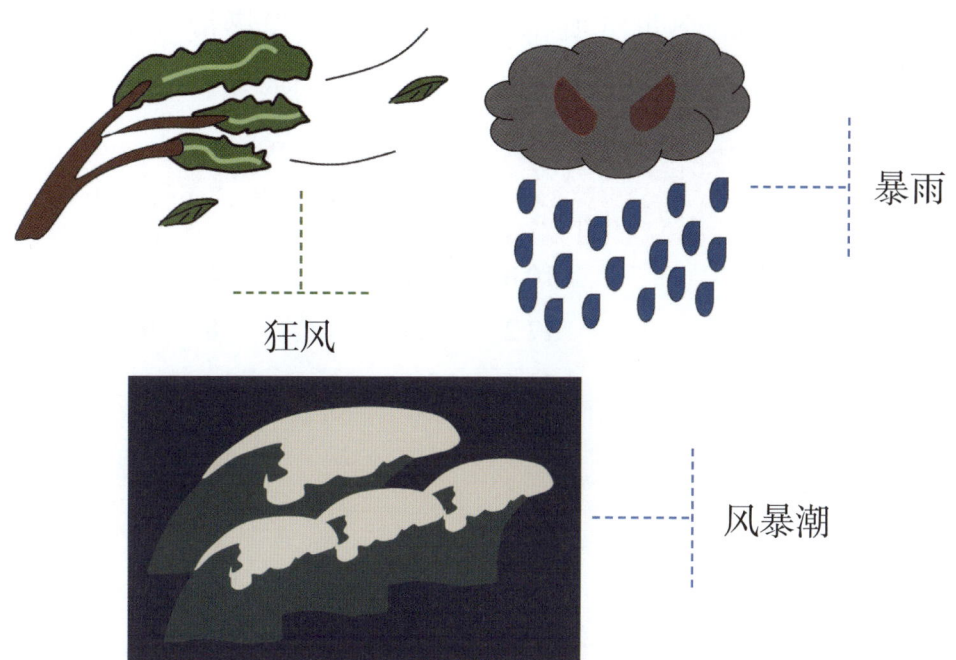

暴雨

狂风

风暴潮

台风形成条件

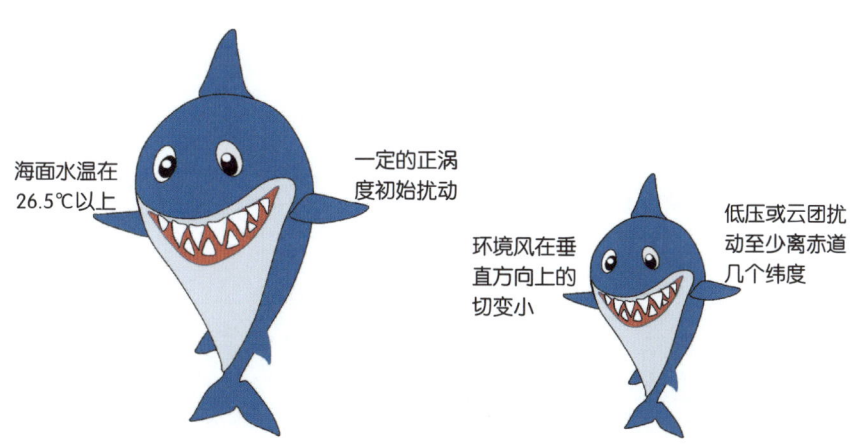

海面水温在26.5℃以上

一定的正涡度初始扰动

环境风在垂直方向上的切变小

低压或云团扰动至少离赤道几个纬度

热带气旋等级划分

不是所有的热带气旋都能成为台风，当热带气旋底层中心附近最大风速达到32.7米/秒时称为台风。

热带气旋等级	底层中心附近最大平均风速/（米/秒）	最大风力
热带低压	10.8～17.1	6～7级
热带风暴	17.2～24.4	8～9级
强热带风暴	24.5～32.6	10～11级
台风	32.7～41.4	12～13级
强台风	41.5～50.9	14～15级
超强台风	≥51.0	16级或以上

影响我国台风的发源地

西北太平洋台风源地主要集中在我国南海中部、菲律宾群岛以东洋面和关岛附近洋面。

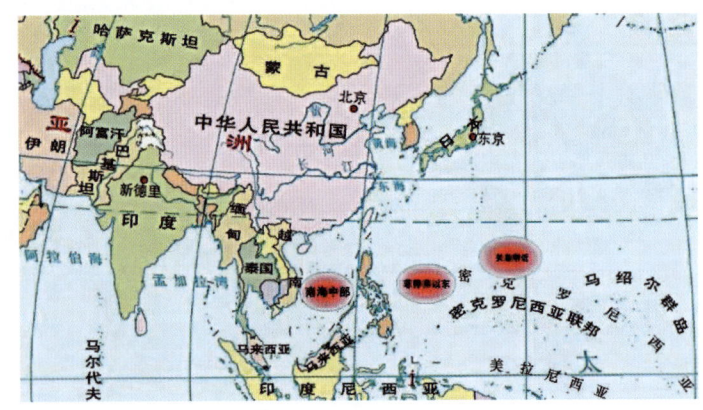

流浪台风

台风形成机制

台风是在一个或多个热带扰动（小涡或云团）基础上发展起来的。

经太阳照射海温升高，贴近海面的空气受热上升，逐渐形成强盛的对流云团，周围较冷空气不断补充，再次遇热上升，如此循环，海面局部气压不断下降，在地转偏向力和气压梯度力的共同作用下形成暖性热带低压，不断吸收海面能量，形成台风。

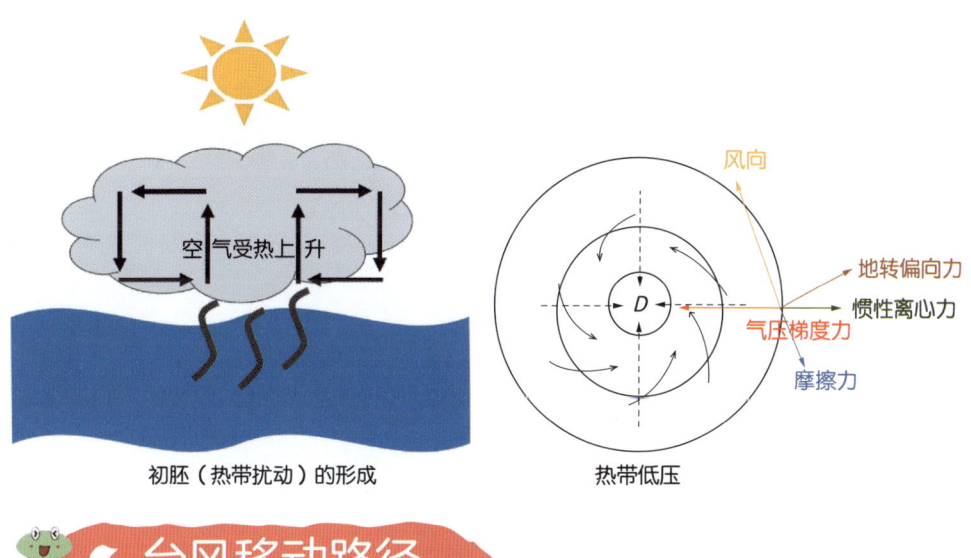

初胚（热带扰动）的形成　　热带低压

台风移动路径

台风的移动路径主要受到太平洋副热带高压的影响，副高边缘的气流会引导台风移动。影响我国的路径主要有西移

路径、西北路径和转向路径。

西移路径：菲律宾以东 →(偏西方向)→ 南海 →(登陆)→ 我国华南沿海 海南岛 一带 越南

西北路径：菲律宾以东 →(西北方向)→ 琉球群岛 →(登陆)→ 我国浙江一带
→(西北偏西方向—登陆)→ 我国台湾、福建一带

转向路径：菲律宾以东 →(西北方向)→ 我国东部海面 →(转向东北方向)→ 路径呈抛物线状
→(西北方向—登陆)→ 我国沿海地区 →(转向东北方向)→

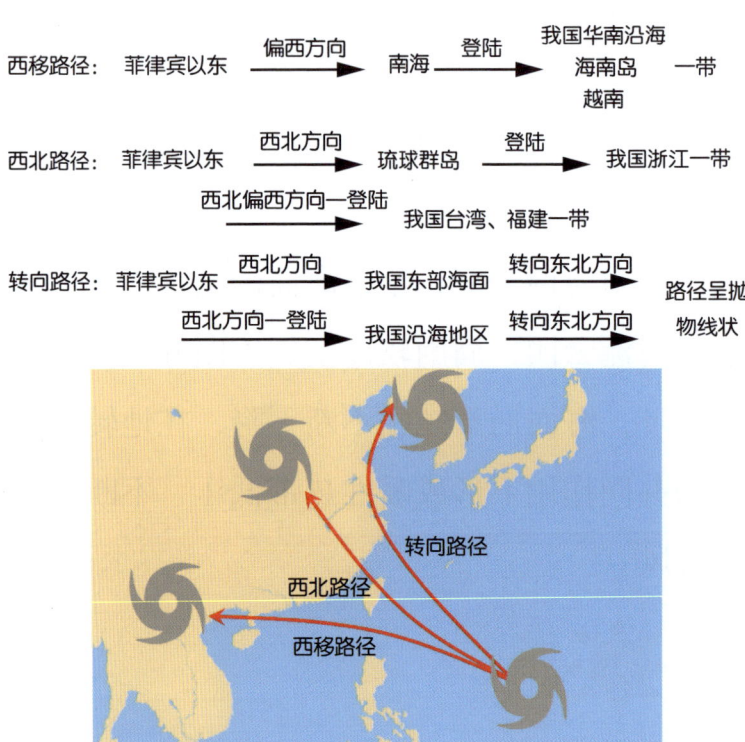

成熟的台风结构

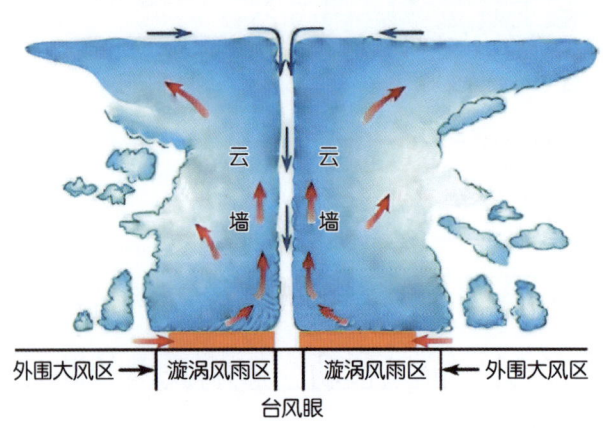

外围大风区 — 漩涡风雨区 — 台风眼 — 漩涡风雨区 — 外围大风区

流浪台风

（1）台风眼区：眼区内为微风或静风，天气晴好。

（2）台风漩涡风雨区：是围绕台风眼分布的一条最大风速带，是对流和风雨最强烈的区域。

（3）台风外围大风区：从漩涡风雨区往外是大风区，从外向内风速急增。

台风预警信号

台风预警信号分为四级。

台风预警信号图标	可能或者已经受热带气旋影响	沿海或者陆地平均风力	或者阵风
台风蓝 TYPHOON	24小时内	达6级以上	8级以上并可能持续
台风黄 TYPHOON	24小时内	达8级以上	10级以上并可能持续
台风橙 TYPHOON	12小时内	达10级以上	12级以上并可能持续
台风红 TYPHOON	6小时内	达12级以上	14级以上并可能持续

为什么台风眼区风速小？

台风外围空气旋转速度非常快，在离心力的作用下，外面的空气很难进入台风中心区内，台风眼就像是孤立的管

107

子，台风眼里面的空气几乎是不旋转的，风力微弱。

台风降雨区域分布

台风最强降水出现在中心周围的云墙内，螺旋雨带影响区域多出现阵性降水和阵风，雨量有时也很大。还有10%左右的台风通过自身环流系统造成远距离暴雨，

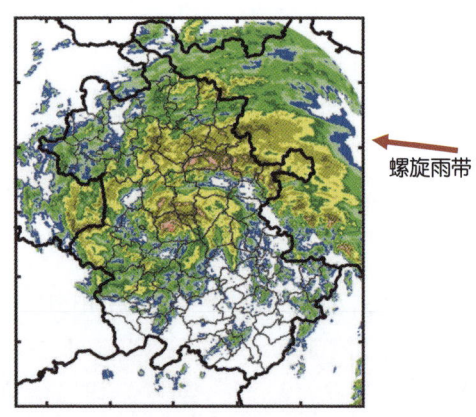

← 螺旋雨带

中纬度地区夏季暴雨可能是受台风影响造成的。

台风的防御

及时关注台风最新动向。

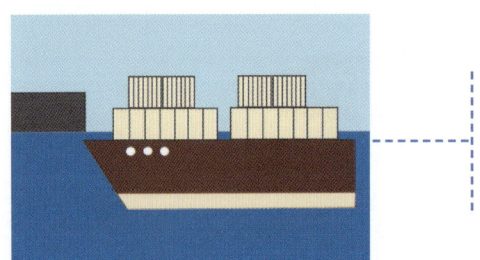

船只回港或就近避风。

流浪台风

停止高空作业和露天集体活动。

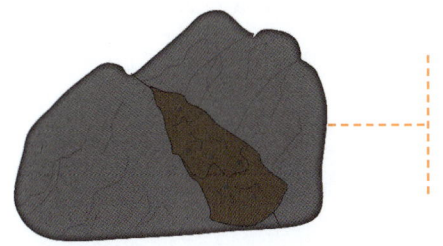

警惕山洪和泥石流等地质灾害。

避免在电线杆和树下等躲避。

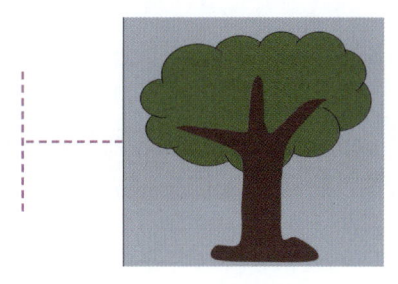

关闭门窗,储备日常生活必需品。

切断各类电器电源,防止雷击损坏。

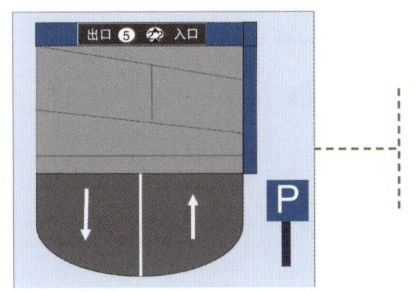

开车时立即将车开到地下停车场或隐蔽处。

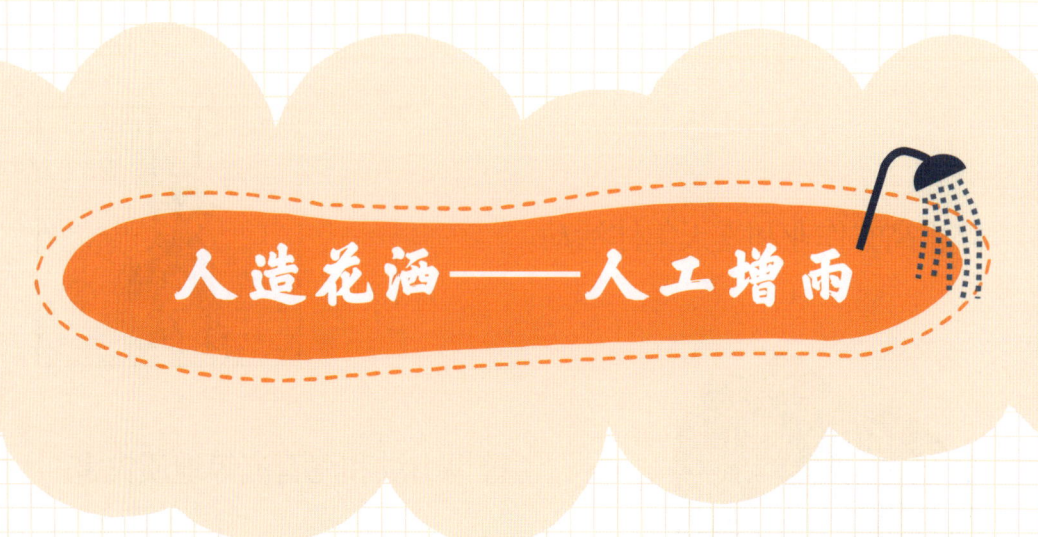

人造花洒——人工增雨

什么是人工增雨？

人工增雨是在适当条件下，通过人工干预的方式向云中撒播适量的催化剂，使云滴或冰晶增大到一定程度，从而实现增加地面降水的目的。

人工增雨所需条件

云中要水汽充沛

云中有上升气流区

有足够的凝结核或冰核

人造花洒——人工增雨

冷云和暖云的催化剂选择

冷云指云内温度在 0 ℃以下，使用催化剂多为碘化银、干冰等成冰剂或致冷剂。

暖云指云内温度在 0 ℃以上，使用催化剂多为盐粉、尿素等吸湿剂。

催化增雨原理

根据云的性质，人工增雨分为冷云催化和暖云催化作业。

冷云催化主要通过增加云中冰晶数量来增加降水效率。

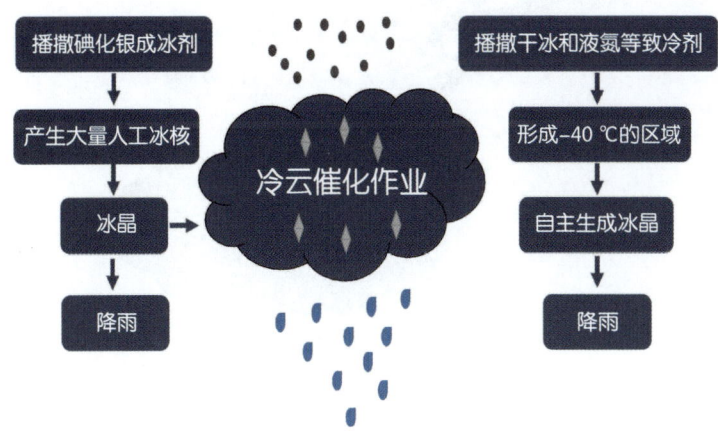

暖云催化主要通过改变云滴大小、促进云滴碰并来增加降水效率。

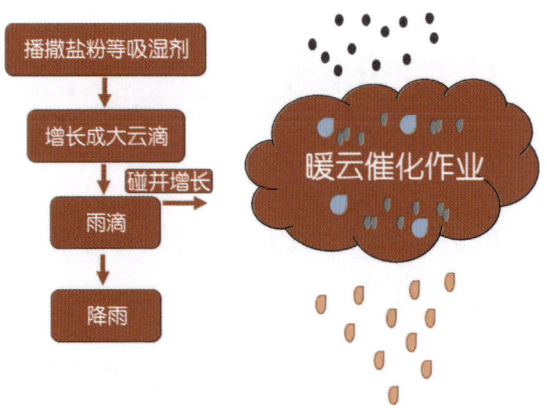

人工增雨方式

空中作业：用飞机直接往云中播撒碘化银等催化剂。

地面作业：利用火箭、高炮和燃烧炉将碘化银等催化剂送入云中。

人造花洒——人工增雨

人工增雨可以随时开展吗？

不可以，云层厚度必须大于2千米。此外，还应注意安全。

1. 人工增雨前需向空管部门申请作业空域。

2. 严格在批准的空域时间内发射人工增雨专用火箭弹、炮弹。

大自然的雕刻师——冻雨

什么是冻雨？

由过冷水滴组成，与温度低于 0 ℃ 的物体碰撞立即冻结的降水。即在天上是雨，落地为冰，拥有"滴水成冰"的技能。

大自然的雕刻师——冻雨

冻雨南北方称谓区别

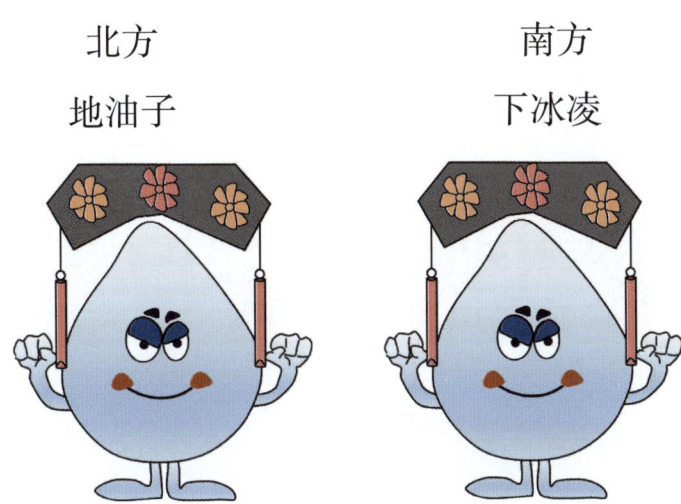

北方　　　　　　　　南方
地油子　　　　　　　下冰凌

冻雨多发时间

初冬到冬末春初。
每年11月到次年3月，1—2月为高发期。

冻雨发生地区

冻雨易发生在贵州省、安徽省、江苏省、湖北省、湖南省、江西省、山东省、河北省、河南省、陕西省、甘肃省、辽宁省南部等地，贵州省冻雨出现最多，贵州威宁也被称为"冻雨之乡"。

冻雨的形成原理

在冷—暖—冷的大气结构中,高空冷层有冰粒混合着雪花,在下降到暖层时,融化成水滴,继续下降进入近地面冷层后,变成过冷水滴,一旦接触到地面更冷的物体,会立即冻结成外表光滑而透明的冰层。

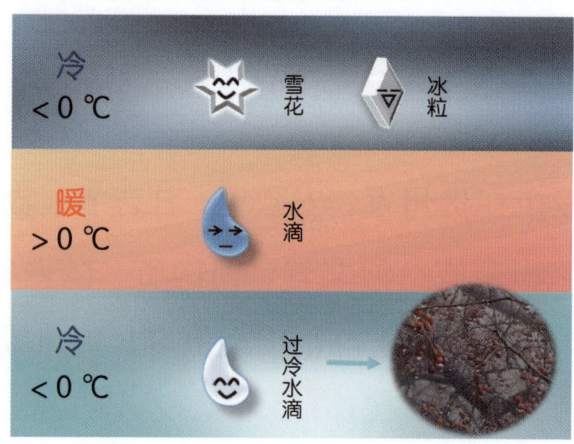

大自然的雕刻师——冻雨

冻雨形成的必要条件

1. 有强冷空气到来，使得近地面层转变为温度在 0 ℃ 以下的冷层。

2. 有中层暖湿气流，形成暖层，从而促使冰晶融化。

3. 有高空冷层存在，形成冷—暖—冷的大气结构。

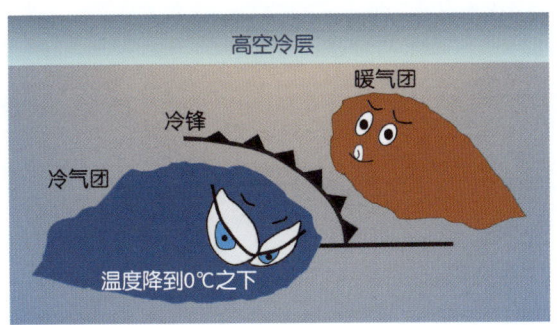

冻雨的危害

造成电线积冰、电线崩断，阻断电力通信。

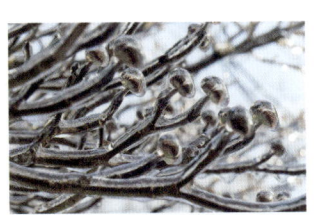

破坏植物生长，冻伤冻死农作物、果树等。

造成道路结冰，引发交通事故。

冻雨的防御

及时撒盐融冰或组织铲车除冰。

及时派出除冰机器人或无人机"御剑",清理电线积冰。

汽车减速慢行,保持车距等,避免车辆打滑。

行人避让机动车或穿防滑鞋出门。

云的分类

什么是云？

云是大气中水汽凝结（凝华）成的水滴、过冷水滴、冰晶或者它们混合组成的飘浮在空中的可见聚合体。

云的分类

云可以分为3族10属29类。

高云的分类

云族	云属	云类
高云	卷云	毛卷云 密卷云 伪卷云 钩卷云
	卷积云	卷积云
	卷层云	毛卷层云 薄幕卷层云

高云的云状特征

高云族：中纬度地区云底高通常大于6000米。

毛卷云

呈羽毛状、丝条状，分布零散，纤维结构清晰。

云的分类

密卷云

云片中部较厚，边缘部分纤维结构明显，偶尔也呈絮状或堡状。

伪卷云

云体较大较厚，有时似砧状。热带地区出现大片伪卷云时，常伴有晕。

钩卷云

云丝方向比较一致，形似逗点符号，云丝向上的一头有小簇或小钩。

卷积云

云体呈鱼鳞片状，有时部分云块呈絮状、堡状或者荚状，常排列成群或者成行，像水面上的小波纹。

毛卷层云

云幕厚薄不均，纤维结构明显。

薄幕卷层云

云幕厚薄均匀，纤维结构不明显。云幕较厚时，日月轮廓仍清楚可见，薄时几乎看不见有晕。

中云族：中纬度地区云底高通常为2500～6000米。

云族	云属	云类
中云	高积云	透光高积云 蔽光高积云 荚状高积云 积云性高积云 絮状高积云 堡状高积云
	高层云	透光高层云 蔽光高层云

云的分类

透光高积云
云块个体明显,一般排列较整齐,云块间有间隙。

蔽光高积云
云块密集,排列不规则,大部分云层无间隙。

荚状高积云
云块呈豆荚形或椭圆形,轮廓分明,生消变化较快。

积云性高积云
由衰退的浓积云或积雨云崩溃解体而成,云块大小不一致,顶部有积云特征。

絮状高积云
云块顶部凸起，底部不在同一水平线，个体破碎似棉絮团。

堡状高积云
云块顶部凸起明显，底部并联在同一水平线上，形似城堡或长条形的锯齿。

透光高层云
云层较薄，看日月如同隔着一层毛玻璃。

蔽光高层云
云层较厚，且厚度差异较大，厚的部分看不清日月位置。

云的分类

低云的分类

低云族：中纬度地区云底高通常在 2500 米以下。

云族	云属	云类
低云	雨层云	雨层云 碎雨云
	层积云	透光层积云 蔽光层积云 荚状层积云 积云性层积云 堡状层积云
	层云	层云 碎层云
	积云	淡积云 碎积云 浓积云
	积雨云	秃积雨云 鬃积雨云

雨层云

云底呈均匀幕状，模糊不清，常伴有碎雨云。

碎雨云

云体呈破碎的片状或块状，形状极不规则，云片呈灰色或深色。

透光层积云

云层较薄，云块排列整齐，之间有间隙。

蔽光层积云

云层较厚，云块密集，无缝隙，常布满天空。

荚状层积云

云体中间厚，边缘薄，形似豆荚，个体分明，孤立分散。

云的分类

积云性层积云

云块大小不一致,呈扁平的长条形,顶部具有积云特征。

堡状层积云

云块顶部凸起似积云,底部并联在同一水平线上,形似城堡。

层云

云底很低,呈均匀的幕状,像雾,但不接触地面(或海面)。

碎层云

云体呈片状,支离破碎,形状极不规则,云片较薄。

淡积云

云块垂直向上发展不旺盛,厚度小于水平宽度,侧看似小土包。

碎积云

云块破碎,中部稍有凸起,形状多变。

浓积云

云块垂直向上发展旺盛,庞大臃肿,侧面似小山和高塔,云顶成团升起,形似花椰菜。

秃积雨云

积云顶部圆弧形轮廓的部分或者全部模糊,或出现少量云丝但尚未扩展。

鬃积雨云

积云顶部有明显的纤维结构,且扩展成马鬃状或砧状。